环境生物介体理论与技术

郭建博 逯彩彩 廉 静 等 著

科学出版社

北 京

内 容 简 介

本书基于生物电子传递基础理论，从概念到分类，从原理到应用，从现状到展望，较为系统地阐述了环境生物介体理论与技术；借助生物酶学、生物电化学和生物能量学等交叉学科思维，建立了探究介体催化机理的新方法；结合高分子材料科学的技术与方法，研发了多种介体修饰功能材料，为介体催化强化难降解污染物的生物转化的应用提供技术支持。全书共分为三篇，第一篇生物介体理论基础篇，主要介绍生物呼吸与电子传递理论和介体催化理论；第二篇生物介体催化技术篇，总结介体调控多种污染物的生物转化的催化机理、性能和技术的研究成果；第三篇介体理论与应用展望篇，提出了基于介体理论的宏介体新内涵，并展望了介体技术应用的发展方向。本书具有新颖性、科学性、系统性和启发性，将为环境生物技术学科的发展提供助力。

本书可供环境科学、环境工程、生物化学、化学工程、材料科学（高分子）等领域的科研工作者和研究生参考。

图书在版编目（CIP）数据

环境生物介体理论与技术/ 郭建博等著. —北京：科学出版社，2019.6
ISBN 978-7-03-060887-1

Ⅰ. ①环… Ⅱ. ①郭… Ⅲ. ①环境生物学-研究 Ⅳ. ①X17

中国版本图书馆 CIP 数据核字（2019）第 050339 号

责任编辑：张 析 / 责任校对：杜子昂
责任印制：吴兆东 / 封面设计：东方人华

科 学 出 版 社 出版
北京东黄城根北街 16 号
邮政编码：100717
http://www.sciencep.com

北京中石油彩色印刷有限责任公司 印刷
科学出版社发行 各地新华书店经销
*
2019 年 6 月第 一 版 开本：720×1000 B5
2020 年 1 月第二次印刷 印张：12 3/4
字数：242 000
定价：88.00 元

（如有印装质量问题，我社负责调换）

前　言

随着经济的持续快速增长，资源与能源消耗大幅度增加，使得环境污染问题日趋严重。生物处理技术作为一种最为经济、有效的水处理技术得到广泛的应用。传统的好氧生物处理技术无法有效降解某些污染物，通常可利用厌氧生物处理技术解决此问题；然而厌氧生物降解速率较慢，是难降解污染物生物降解的瓶颈，对难降解污染物的高效生物处理技术的研究已成为水污染控制工程、环境水化学、水处理微生物学领域研究的重点和难点之一。介体催化强化难降解污染物的化学和生物转化的研究，为难降解污染物的高效生物降解提供了新的研究思路。介体催化调控厌氧生物净化技术的研究是国际环境领域近 30 年快速发展形成的新的研究热点和焦点，其基础理论和应用策略研究将提升介体催化调控厌氧生物净化技术的工程应用能力。

自 2004 年始首次开展非水溶介体催化强化偶氮染料脱色研究以来，本书著者及其所带领的科研团队在介体催化调控厌氧生物净化技术方面开展了系统的研究工作。课题组先后完成国家自然科学基金项目 4 项，教育部"新世纪优秀人才支持计划" 1 项，河北省杰出青年科学基金项目 1 项，天津市自然科学基金重点项目等多项相关课题的研究，研究成果集成为本书内容。

本书是国内较系统介绍环境生物介体催化强化污染物生物降解的专著。全书共分为三篇，第一篇生物介体理论基础，第二篇生物介体催化技术，第三篇介体理论与应用展望；第 1 章由侯雅男讲师和张徐祥教授整编；第 2 章由逯彩彩讲师、郭建博教授和张徐祥教授整编；第 3 章由郭建博教授和李海波讲师整编；第 4 章由李海波讲师和郭延凯整编；第 5 章由张超博士生和廉静教授整编；第 6 章由宋圆圆讲师和郭建博教授整编；第 7 章由廉静教授、郭建博教授、逯彩彩讲师和侯雅男讲师整编。全书成书过程由郭建博教授、逯彩彩讲师和廉静教授负责。

本书研究工作均为课题组所有师生共同辛勤劳动的成果，特别是廉静教授、逯彩彩讲师、李海波讲师、宋圆圆讲师、侯雅男讲师、郭延凯助理研究员和博士生张超参与相关编写。张立辉硕士、王晓磊硕士、康丽硕士、陈延明硕士、赵丽君硕士、许志芳硕士、张华雨硕士、许晴硕士、胡珍珍硕士、田秀蕾硕士、杨丹硕士、谢珍硕士、张伟宏硕士等完成此书相关研究成果。另外，衷心感谢南京大学任洪强教授、天津大学宋浩教授、南开大学王鑫教授等对本书成果的指导和成书过程的斧正！

著者希望该书会对环境工程、环境化学和水污染控制等相关领域科研和技术人员有所帮助，但由于著者水平有限，书中错误在所难免，敬请读者批评指正。

著 者

2019 年 1 月

目　　录

前言

第一篇　生物介体理论基础

第二篇　生物介体催化技术

第三篇　介体理论与应用展望

第一篇　生物介体理论基础

第 1 章　微生物呼吸与电子传递理论

1.1　呼吸作用

微生物呼吸作用是指微生物细胞内发生有机物的酶促氧化反应释放电子，并偶联细胞呼吸链产生 ATP 能量的过程，是微生物维持生命活动的基本能量代谢方式。底物在氧化过程中脱去的氢或电子并不直接与中间代谢产物结合，而是通过一系列的电子传递过程，最终传递给电子受体。人们常根据末端电子受体的不同，将微生物呼吸分为有氧呼吸、无氧呼吸和发酵。随着微生物学研究不断发展，胞外呼吸逐渐成为备受关注的新型呼吸方式。故广义呼吸又可分为传统呼吸和胞外呼吸。

1.1.1　传统呼吸

1. 有氧呼吸

能够进行有氧呼吸的微生物包括需氧菌和兼性厌氧菌。在原核生物中，有氧呼吸是在细胞质中和细胞膜上进行的。而对真核生物，这种过程则是在线粒体基质中进行。有氧呼吸根据呼吸基质可分为两类：一类是以有机物为呼吸基质的化能异养型微生物的有氧呼吸；另一类是以无机能源物质为呼吸基质的化能自养型微生物的有氧呼吸。

（1）以有机物为呼吸基质。在好氧呼吸过程中，有机物氧化释放出的电子先转移给 NAD^+，使 NAD^+ 还原为 NADH，NADH 再氧化释放电子成为 NAD^+，电子转移给电子传递体系，电子传递体系再将电子转移给最终受体 O_2，O_2 得到电子被还原并与底物氧化脱去的 H 结合生成 H_2O。

异养型微生物最易利用的能源和碳源是葡萄糖。葡萄糖经糖酵解（EMP）等途径酵解形成的丙酮酸，在有氧条件下，经过有氧呼吸，丙酮酸先转变为乙酰辅酶 A，随即进入三羧酸循环，被彻底氧化生成 CO_2 和 H_2O，同时释放大量能量。

在三羧酸循环中，1 分子丙酮酸完全氧化为 3 分子 CO_2，同时生成 15 分子 ATP。反应方程式为：

$$C_6H_{12}O_6+6O_2 \longrightarrow 6CO_2+6H_2O+2867.5kJ \tag{1.1}$$

（2）以无机物为呼吸基质。化能自养型微生物能从无机化合物的氧化中获得能量，以无机物如 NH_4^+、NO_2^-、H_2S、S、H_2 和 Fe^{2+} 等为呼吸基质，把它们作为电子供体，氧为最终电子受体，电子供体被氧化后释放的电子，经过呼吸链和氧化磷酸化合成 ATP，为同化 CO_2 提供能量。因此，化能自养菌一般是好氧菌，这类微生物包括亚硝化细菌、硝化细菌、硫化细菌、氢细菌和铁细菌等。它们广泛分布在土壤和水域中，并对自然界的物质转化起着重要作用。化能自养型微生物对底物的要求具有严格的专一性，如硝化细菌不能氧化无机硫化物，同样，硫化细菌也不能氧化氨或亚硝酸盐。这些微生物氧化产能反应式为：

亚硝化细菌　　$NH_4^++1.5O_2 \longrightarrow NO_2^-+2H^++H_2O+270.4kJ$ （1.2）

硝化细菌　　　$NO_2^-+0.5O_2 \longrightarrow NO_3^-+77.3kJ$ （1.3）

硫化细菌　　　$H_2S+2O_2 \longrightarrow SO_4^{2-}+2H^++584.4kJ$ （1.4）

氢细菌　　　　$H_2+0.5O_2 \longrightarrow H_2O+237.0kJ$ （1.5）

铁细菌　　　　$Fe^{2+}+0.25O_2+H^+ \longrightarrow Fe^{3+}+0.5H_2O+44.4kJ$ （1.6）

上述无机底物不仅可作为最初的能源供体，其中有些底物如 NH_4^+、H_2S、H_2 等还可作为质子供体，通过逆呼吸链传递的方式形成用于还原 CO_2 的还原力 NADH，但这是一个需要消耗 ATP 的过程。如硝化细菌生长所需还原力 NADPH 是通过消耗 ATP 的电子逆传递产生，每产生 1 个 NADPH 至少要消耗 3 个 ATP。

与以有机物为呼吸基质的有氧呼吸相比较，化能自养型微生物的能量代谢有如下特点：无机底物的氧化直接与呼吸链相偶联，即无机底物由脱氢酶或氧化还原酶催化脱氢或脱电子后，随即进入呼吸链传递，这与异养型微生物对葡萄糖等有机底物的好氧氧化需经过多途径逐级脱氢有明显差异；不同的化能自养型微生物呼吸链组成和长短往往不同，因而呼吸链具有多样性；化能自养型微生物呼吸链氧化磷酸化率比较低，产能效率一般低于化能异养型微生物，这是该类微生物世代周期长的重要原因之一。

2. 无氧呼吸

除了氧气和微生物自身代谢产物以外，厌氧体系中存在其他的电子受体（如亚硝酸根、硝酸根、硫酸根以及碳酸根等）时，根据电子受体氧化还原电势的高低，还原力按优先顺序将电子转移给外界电子受体，这个过程一般被称为无氧呼吸或厌氧呼吸。进行无氧呼吸的微生物主要是厌氧菌和兼性厌氧菌。在无氧呼吸中作为能源物质的呼吸基质一般是有机物（葡萄糖、乙酸等），它们被氧化为 CO_2，生成 ATP。

　　无氧呼吸与发酵过程不同，它需要细胞色素等电子传递体，并在能量分级释放过程中伴随有氧化磷酸化作用而生成 ATP，也能产生较多的能量用于生命活动。但由于部分能量在没有充分释放之前就随电子传递给了最终电子受体，基质在无氧呼吸过程中氧化不彻底，所以生成的能量比有氧呼吸少。根据呼吸链末端最终氢受体的不同，可以把无氧呼吸分成硝酸盐呼吸、硫酸盐呼吸、碳酸盐呼吸和延胡索酸呼吸等。进行无氧呼吸的微生物一般生活在河流、湖泊和池塘底部淤泥等缺氧环境中。

　　（1）硝酸盐呼吸。在缺氧条件下，有些细菌能以有机物作为供氢体，以硝酸盐作为最终电子受体，硝酸盐接受电子后被还原为亚硝酸盐和氮气等的过程被称为硝酸盐呼吸，又称为硝酸盐还原作用和反硝化作用。在污水生物处理工程中，降低污水中含氮量的生物脱氮法就是在反硝化作用的原理上建立起来的。

　　能进行反硝化作用的细菌有脱氮假单胞菌（*Pseudomonas denitrificans*）、铜绿假单胞菌（*Pseudomonas aeruginosa*）和地衣芽孢杆菌（*Bacillus licheniformis*）等。它们多数是兼性微生物，在溶解氧浓度极低的环境中可利用硝酸盐中的氮作为电子受体。绝大多数硝酸盐还原细菌电子供体是有机物，如葡萄糖、乙酸和甲醇等。以葡萄糖为供氢体的反应式如下：

$$\left.\begin{aligned} C_6H_{12}O_6 + 6H_2O &\longrightarrow 6CO_2 + 24\,[H] \\ 24\,[H] + 4NO_3^- &\longrightarrow 2N_2 + 12H_2O \end{aligned}\right\} + 1756kJ \qquad (1.7)$$

　　（2）碳酸盐呼吸。碳酸盐呼吸也称为异化型碳酸盐还原或产甲烷作用。能进行碳酸盐还原作用的细菌属于产甲烷细菌（Methanogens），它能在氢等物质的氧化过程中，以 CO_2 作为最终的电子受体，通过无氧呼吸将 CO_2 还原为甲烷。常见的产甲烷细菌有产甲烷八叠球菌属（*Methanosarcina*）、产甲烷杆菌属（*Methanobacterium*）、产甲烷短杆菌属（*Methanobrevibacter*）和产甲烷球菌属（*Methanococcus*）等。产甲烷细菌主要存在于缺氧的沼泽地、河流、湖泊和池塘的淤泥中，它在废水厌氧生物处理中发挥着重要作用。

　　（3）硫酸盐呼吸。硫酸盐呼吸也称为异化型硫酸盐还原或反硫化作用。能进行硫酸盐还原作用的细菌称为硫酸盐还原菌，它能以有机物作为氧化基质，氧化过程中释放出的电子可使硫酸盐逐步还原为 H_2S。硫酸盐还原菌有脱硫弧菌属（*Desulphovibrio*）和脱硫肠状菌属（*Desulfotomaculum*）等。大多数硫酸盐还原菌不能利用葡萄糖作为能源，而是利用乳酸和丙酮酸等其他细菌的发酵产物。反应方程式如下：

$$2CH_3CHOHCOOH+H_2SO_4 \longrightarrow 2CH_3COOH+2CO_2+2H_2O+H_2S+1125kJ \quad (1.8)$$

（4）延胡索酸呼吸。延胡索酸呼吸是指呼吸链末端氢受体为延胡索酸的无氧呼吸，如雷氏变形杆菌（*Proteus rettgeri*）和甲酸乙酸梭菌（*Clostridium formicoacetium*）能以延胡索酸作为受氢体，还原产物为琥珀酸。需要指出的是，琥珀酸也能在以丙酮酸为底物的厌氧发酵中产生，但其前体为草酰乙酸，而不是延胡索酸，形式中也没有呼吸链传递氢过程。

3. 发酵

发酵有广义与狭义两种概念。广义的发酵是指微生物在有氧或无氧条件下利用营养物生长繁殖并生产对人类有用产品的过程。如发酵工业中利用酵母菌生产面包酵母或酒精，利用链霉菌生产抗生素等。狭义的发酵是指在无外在电子受体时，微生物在无氧条件下氧化有机物，有机物仅发生部分氧化，将有机物生物氧化过程中释放的电子直接转移给未彻底氧化的中间产物，放出少量能量，其余的能量保留在最终产物中。在这里我们要讨论的是狭义的发酵，即微生物生理学意义上的发酵。

在有机物的发酵过程中，产生一种含高能磷酸基团的代谢中间体，中间体将高能键（～）交给 ADP，使 ADP 磷酸化而生成 ATP，这个过程就是基质（底物）水平磷酸化（substrate level phosphorylation），反应式为 X～P+ADP→ATP+X。底物水平磷酸化的特点是底物在生物氧化中脱去的电子或氢不经过电子传递链传递，而是直接交给底物自身的氧化产物，同时将释放能量给 ADP，形成 ATP。因此，能被发酵的有机化合物，不能是高氧化态或高还原态的物质。过分地被氧化的物质不能再氧化，就不能产生足以维持生长的能量；过分地被还原的物质，就不能作为电子受体而进一步被还原。因此，碳氢化合物及其他高度还原的化合物不能作为发酵底物。

根据微生物对葡萄糖发酵产物的不同，将微生物发酵分为多种类型。

（1）乙醇发酵。厌氧微生物发酵产乙醇是研究最早的发酵类型，其中酵母菌是进行乙醇发酵的典型代表，它们在缺氧的条件下，将葡萄糖经糖酵解途径产生丙酮酸，然后丙酮酸脱羧生成乙醛，乙醛被还原成乙醇，工业上用于生产乙醇。另一种是在一些肠道细菌和高温细菌中，如 *Terminosporus thermocellus* 等，这些细菌中不含有丙酮酸脱羧酶而是含有乙醛脱氢酶，所以其从丙酮酸产乙醇的途径与第一种途径不同，丙酮酸在丙酮酸-铁氧化还原蛋白氧化还原酶的作用下先生成乙酰辅酶 A，乙酰辅酶 A 在乙醛脱氧酶的作用下生成乙醛，乙醛在乙醇脱氧酶的催化作用下接受 NADH 的还原力生成乙醇。

（2）乳酸发酵。进行乳酸发酵的微生物主要是细菌。它们利用糖经糖酵解途径生成丙酮酸，丙酮酸还原产生乳酸。泡菜、酸菜和青贮饲料都是利用乳酸发酵，使其积累乳酸，以便抑制其他微生物的生长，从而使青菜、青贮饲料等得以保存。乳酸发酵又分为同型乳酸发酵（只积累乳酸的发酵）和异型乳酸发酵（在葡萄糖的发酵产物中，除乳酸外还有乙醇或乙酸及 CO_2 等产物）。

（3）丙酮丁醇发酵。丙酮丁醇发酵也是研究得比较透彻的一类发酵类型，是大规模应用于工业生产的发酵类型之一，其重要性仅次于乙醇发酵。丙酮丁醇发酵（acetone-butanol fermentation）简称 AB 发酵，因产物中还含有部分乙醇，也被称为 ABE 发酵（acetone-butanol-ethanol fermentation）。在 AB 发酵的初始阶段，氢气、二氧化碳、乙酸和丁酸是主要代谢产物，这个阶段称为酸化阶段（acidogenic phase）。葡萄糖经过 EMP 途径生成丙酮酸，而后丙酮酸在丙酮酸-铁氧化还原蛋白氧化还原酶的催化作用下生成乙酰辅酶 A，乙酰辅酶 A 在磷酸转乙酰酶和乙酸激酶的催化作用下生成乙酸；乙酰辅酶 A 在乙酰辅酶 A-乙酰转移酶、丁酰辅酶 A 脱氢酶、磷酸盐丁酰基转移酶和丁酸激酶等酶的催化作用下生成丁酸。随着酸化过程的进行，体系中 pH 开始降低，代谢途径发生转变，由产酸途径转化为产溶剂途径（即产丙酮、丁醇和乙醇的阶段）。

此外，还有丁酸和混合酸发酵（能积累多种有机酸，如甲酸、乙酸、乳酸和琥珀酸等）类型等。废水厌氧生物处理是环境工程与能源工程的一项重要技术，是有机废水强有力的处理方法之一。其中的厌氧发酵技术可以减少好氧生物处理技术的耗能，其有机物转化产物（沼气及氢气）也可作为替代传统不可再生化石燃料（煤和石油）的新型清洁能源，同时可将废水中的各种复杂有机物分解转化，提高其可生化性。现今的厌氧生物处理方法不仅能处理高、中等浓度有机废水，还成功地运用于低浓度有机废水，为废水处理提供了一条高效能、低能耗，并符合可持续发展原则的治理途径。

1.1.2　胞外呼吸

胞外呼吸作为新型的呼吸方式，是指微生物在细胞内彻底氧化有机物释放电子，产生的电子经胞内呼吸链传递到胞外电子受体使其还原，同时产生能量维持微生物自身生长的过程，其本质是微生物代谢获取能量的一种方式。胞外呼吸主要是相对于传统的胞内呼吸而言，胞内呼吸的电子受体（氧气、硝酸盐和延胡索酸盐等）一般通过扩散等方式进入细胞内，电子传递及还原反应在细胞内完成。而胞外呼吸的电子受体（如活性炭、铁氧化物）通常则不能进入细胞，只能在胞外被还原。故胞外呼吸可看成是细菌电子传递链延长至细胞膜外的结果。根据最终电子受体不同，胞外呼吸主要包括产电呼吸、铁（锰）呼吸和腐殖质呼吸等多种形式。微生物胞外呼吸与传统的有氧呼吸、胞内无氧呼吸存在显著差异，其电子受体多以固态形式存在于胞外。胞外呼吸的本质问题是微生物与胞外电子受体的相互作用，即微生物如何将胞内电子传递至胞外受体。胞外呼吸是近年来发现的新型微生物厌氧能量代谢方式，其发现和研究丰富了人们对微生物呼吸多样性的认识，是当前研究的热点领域之一。

1. 胞外呼吸菌的种类

胞外呼吸菌（ERB）是一类能通过呼吸链把细菌代谢过程中产生的电子转移给胞外固态电子受体的细菌。胞外呼吸菌广泛分布于土壤、污泥、河流/海洋沉积物以及水体等环境介质中，能够在厌氧条件下，分解有机物并产生能量维持微生物自身生长，可通过细胞色素 c 和功能蛋白的共同作用将产生的电子跨膜传递至胞外电子受体。根据胞外电子受体的不同，微生物胞外呼吸菌主要分为产电微生物、异化金属还原菌和腐殖质还原菌。除了常规微生物，许多极端环境微生物也具有胞外电子传递能力，如嗜热菌、嗜酸菌和嗜碱菌等。胞外呼吸菌的分离鉴定是当前研究的热点问题，已发现的胞外呼吸菌多为革兰氏阴性菌（G⁻），仅少数为阳性菌（G⁺），主要集中在变形菌门（Proteobacteria）的不同亚门（α-Proteobacteria、β-Proteobacteria、γ-Proteobacteria 及 δ-Proteobacteria）、放线菌门（Actinobacteria）和厚壁菌门（Firmicutes），其中地杆菌（Geobacteraceae）是胞外呼吸的优势菌群。目前报道的胞外呼吸菌的数量仅占自然界的极小部分，而且很多菌的功能机制还不完全清楚。随着研究的深入、微生物分离方法和分子生物学方法的不断完善，胞外呼吸菌资源将会不断被发现和丰富[1]。表 1.1 列出了部分胞外呼吸的代表菌。

表 1.1　部分胞外呼吸代表菌株

代表微生物	所属科	革兰氏染色	胞外电子受体
Geobacter metallireducens	Geobacteraceae	G⁻	铁氧化物/AQDS/腐殖质/电极
Geobacter sulfurreducens	Geobacteraceae	G⁻	AQDS/HS/柠檬酸铁/电极
Desulfuromonas acetoxidans	Geobacteraceae	G⁻	铁氧化物/电极
Geopsychrobacter electrodiphilus	Geobacteraceae	G⁻	铁氧化物/电极
Desulfobulbus propionicus	Desulfobulbaceae	G⁻	铁氧化物/腐殖质/电极
Rhodoferax ferrireducens T118ᵀ	Comamonadaceae	G⁻	铁氧化物/腐殖质/电极
Rhodopseudomonas palustris	Bradyrhizobiaceae	G⁻	电极，不知是否完全氧化底物
Enterobacter cloacae 13047ᵀ	Enterobacteriaceae	G⁻	电极
Klebsiella pneumonia L17	Enterobacteriaceae	G⁻	铁氧化物/电极
Pelobacter carbinolicus	Geobacteraceae	G⁻	铁氧化物，不知是否完全氧化底物
Ochrobactrum anthropi YZ-I	Brucellaceae	G⁻	电极，不知是否完全氧化底物
Thermincola ferriacetica	Peptococcaceae	G⁺	电极，不知是否完全氧化底物

2. 胞外呼吸应用前景

胞外呼吸的本质问题是微生物与胞外电子受体的相互作用，即微生物如何将电子从胞内转移至胞外受体，获取生命活动的能量。在理论方面，胞外呼吸的发现和研究不仅丰富了人们对微生物代谢多样性的认识，也为呼吸链电子传递、胞外电子转移、能量产生途径等科学问题提供了新的视角；在应用方面，胞外呼吸在碳、氮、硫等元素生物地球化学循环、污染物降解转化、清洁能源开发和生物合成等领域展现出巨大的应用潜力。研究表明，铁氧化物、腐殖质和电极的还原过程，常偶联染料的降解、有机氯农药（R—Cl，如 DDT 等）的脱卤还原以及重金属和放射性元素 Mn（Ⅳ）、Cr（Ⅵ）和 U（Ⅵ）的还原；此外，胞外呼吸菌（如 *Geobacter metallireducens*）可以利用甲苯等芳烃类物质作为电子供体，将其降解[2]。深入探究不同的胞外呼吸类型及其电子传递机制，为完善胞外电子传递过程中的分子机制，加速电子转移提供理论指导，对研究电子传递过程在生物地球化学、环境保护和能源利用等方面均具有重要意义。

1.2　电子传递系统理论

1.2.1　传统电子传递链概述

在生物体系中，电子传递链（electron transport chain，ETC）又称为呼吸链，是一系列电子载体按对电子亲和力逐渐升高的顺序组成的电子传递系统。电子传递链位于原核生物细胞膜上或真核生物线粒体膜上，按上述顺序由多个复合体组成，在复合体内各载体成分的物理排列也符合电子流动的方向。电子传递链由氢传递反应和电子传递反应组成，在微生物体内起着两大作用：一是接受电子供体释放出的电子，在电子传递体系中，电子从一个组分传到另一个组分，即从低氧化还原电势逐级到高氧化还原电势；二是偶联氧化磷酸化反应，形成跨膜质子动势，合成 ATP，把电子传递过程中释放出的能量储存起来。代谢物脱下的成对氢原子(2H)通过多种酶和辅酶所催化的连锁反应逐步传递，最终与氧结合生成水。

电子传递链中的氢传递体包括一些脱氢酶的辅因子，主要有烟酰胺腺嘌呤二核苷酸（NAD）、泛醌（CoQ）、黄素腺嘌呤二核苷酸（FAD）和黄素单核苷酸（FMN）等，它们既传递电子，也传递质子；构成呼吸链的电子传递体，也称为电子载体，其本质是酶、辅酶或辅基，包括细胞色素系统、某些黄素蛋白和铁硫蛋白（Fe-S）。

通过呼吸链也可以把氢（或电子）传递给硝酸盐、硫酸盐、硫和碳酸盐等，但是产生的能量要比传递给分子氧时产生的能量少得多。此外，电子传递体又可以分为自由扩散型（NAD^+，$NADP^+$）和细胞质膜结合型。自由扩散型指在细胞质内可自由扩散，包括 NAD^+ 和 $NADP^+$。其中 NAD^+ 主要参与生物分解代谢的产能反应，而 $NADP^+$ 主要参与生物合成代谢的生物合成反应。细胞质膜结合型的电子载体包括 NADH 脱氢酶、核黄素蛋白、细胞色素和泛醌等。

1.2.2 电子传递链及其传递体的排列顺序

电子传递链中氢和电子的传递有严格的顺序和方向。电子传递链各组分在链中的位置和排列次序与其得失电子趋势的大小有关。电子总是从对电子亲和力小的低氧化还原电位流向对电子亲和力大的高氧化还原电位。氧化还原电位值越低，即失电子的倾向越大，越易成为还原剂而处在呼吸链的前面。电子传递链中传递体的排列顺序和方向依次是：

NAD（P）→FP→Fe-S→CoQ→Cyt.b→Cyt.c→Cyt.a→Cyt.a_3

在具有线粒体的生物中，典型的电子传递链有两条：NADH 电子传递链和 $FADH_2$ 电子传递链（图 1.1）。前者应用最广，糖、蛋白质和脂肪等分解代谢中的脱氢氧化反应绝大部分是通过 NADH 电子传递链完成。中间代谢物上的两个氢原子经以 NAD^+ 为辅酶的脱氢酶作用，使 NAD^+ 还原成为 $NADH+H^+$，再经过 NADH 脱氢酶（以 FMN 为辅基）、辅酶 Q（CoQ）、细胞色素 b、c_1、c、aa_3 到分子 O_2。一对高势能电子经过 NADH 电子传递链至 O_2 产生 3 个 ATP。如果从 $FADH_2$ 传递至 O_2 则产生 2 个 ATP。

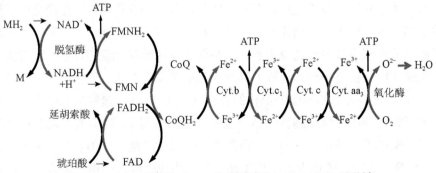

图 1.1 NADH 呼吸链（MH_2 为作用底物）和 $FADH_2$ 呼吸链
（即琥珀酸呼吸链）的电子传递体系图

1.2.3 电子传递链的组成部分

电子传递链包括4个膜蛋白复合体,用于将还原电势转化为跨膜的质子梯度。以上各种递氢体或电子传递体大多数紧密地镶嵌在真核生物的线粒体内膜上或原核生物如细菌的细胞膜上成为膜结构的主要组成部分。传递体相互联系结合成的大分子复合物称为电子传递链复合体。电子传递链中的四种蛋白复合体分别为:NADH 脱氢酶(复合体Ⅰ)、琥珀酸脱氢酶(复合体Ⅱ)、细胞色素还原酶(复合体Ⅲ)和细胞色素氧化酶(复合体Ⅳ),见图1.2。

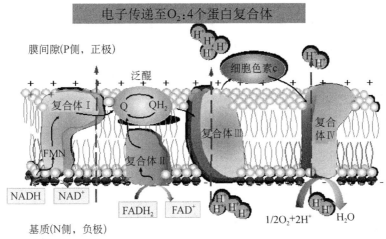

图 1.2　电子传递链中的复合体

1. 复合体Ⅰ:NADH 脱氢酶

NADH-还原酶是电子传递链中的第一个质子泵,分子量为 $700 \times 10^3 \sim 900 \times 10^3$,含有 25 种不同的蛋白质,由 NADH 脱氢酶(一种以 FMN 为辅基的黄素蛋白)和一系列铁硫蛋白组成,如水溶性的铁硫蛋白(iron sulfur protein,IP)、铁硫黄素蛋白(iron sulfur flavoprotein,FP)、泛醌(ubiquinone,UQ)、磷脂(phospholipid),是一个大的蛋白质复合体。FMN 和铁-硫聚簇(Fe-S)是该酶的辅基,辅酶 Q 是该酶的辅酶,由辅基或辅酶负责传递电子和氢,可催化位于线粒体基质中由 TCA 循环产生的 $NADH + H^+$ 中的 2 个 H^+ 经 FMN 转运到膜间空间,同时再经过 Fe-S 将 2 个电子传递到 UQ(又称辅酶 Q,CoQ);UQ 再与基质中的 H^+ 结合,生成还原型泛醌(ubiquinol,UQH_2)(图 1.3 所示)。该酶的作用可为鱼藤酮(rotenone)、杀粉蝶菌素 A(piericidin A)和巴比妥酸(barbital acid)所抑制。它们都作用于同一区域,都能抑制 Fe-S 簇的氧化和泛醌的还原。

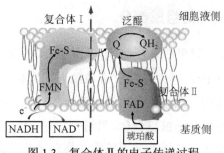

图 1.3　复合体 II 的电子传递过程

2. 复合体 II：琥珀酸脱氢酶

复合体 II 为跨膜蛋白复合物，可将电子从琥珀酸传递给泛醌，其分子量约为 140×10^3，含有 4～5 种不同的蛋白质，主要成分是琥珀酸脱氢酶（succinate dehydrogenase，SDH）、黄素腺嘌呤二核苷酸（FAD）、细胞色素 b（cytochrome b）和 3 个 Fe-S 蛋白。其活性部分含有辅基 FAD 和铁硫蛋白，功能是催化琥珀酸氧化为延胡索酸，并将 H^+ 转移到 FAD 生成 $FADH_2$，然后再把 H^+ 转移到 UQ 生成 UQH_2（图 1.3 所示）。该酶活性可被 2-噻吩甲酰三氟丙酮（thenoyltrifluoroacetone，TTFA）所抑制。

3. 复合体 III：细胞色素还原酶

复合体 III 又称 UQH_2：细胞色素 c 氧化还原酶（ubiquinone：cytochrome c oxidoreductase），分子量为 250×10^3，含有 9～10 种不同蛋白质，一般都含有 2 个 Cyt.b，1 个 Fe-S 蛋白和 1 个 $Cyt.c_1$。复合体 III 的功能是催化电子从 UQH_2 经 Cyt.b→Fe-S→$Cyt.c_1$ 传递到 Cyt.c，Cyt.c 是重要的电子载体，在复合物 III 和 IV 之间传递电子，这一反应与跨膜质子转移偶联，将 2 个 H^+ 释放到膜间空间（图 1.4）。也有人认为在电子从 Fe-S 传到 $Cyt.c_1$ 之前，先传递给 UQ，同时 UQ 与基质中的 H^+ 结合生成 UQH_2，UQH_2 再将电子传给 $Cyt.c_1$，同时将 2 个 H^+ 释放到膜间空间。

4. 复合体 IV：细胞色素氧化酶

复合体 IV 是电子传递链的终点，又称细胞色素 c 氧化酶（cytochrome c oxidase），可将电子从 Cyt.c 传递给氧（图 1.5）。分子量为 160×10^3～170×10^3，含有多种不同的蛋白质，主要成分是 Cyt.a 和 $Cyt.a_3$ 及 2 个铜原子，组成两个氧化还原中心即 $Cyt.aCu_A$ 和 $Cyt.a_3Cu_B$，第一个中心是接受来自 Cyt.c 的电子受体，第二个中心是氧还原的位置。它们通过 Cu^+/Cu^{2+} 的变化，在 Cyt.a 和 $Cyt.a_3$ 间传递电子。其功能是将 Cyt.c 中的电子传递给分子氧，氧分子被 $Cyt.a_3Cu_B$ 还原至过氧化物水平；然后接受第三个电子，O—O 键断裂，其中一个氧原子还原成 H_2O；在另一步中接受第四个电子，第二个氧原子进一步还原。也可能在这一电子传递过程中将线粒体基质中的 2 个 H^+ 转运到膜间空间。CO、氰化物、叠氮化物同 O_2 竞争与 Cyt.aa$_3$ 中 Fe 的结合，可抑制从 Cyt.aa$_3$ 到 O_2 的电子传递。

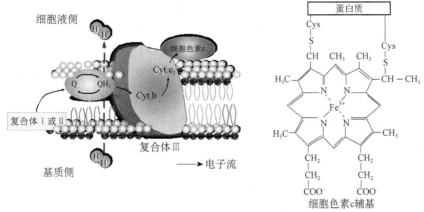

图 1.4　复合体 III 的电子传递过程和细胞色素 c 辅基结构

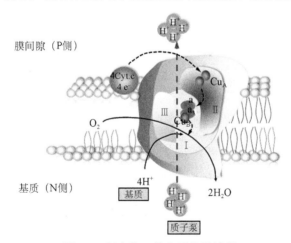

图 1.5　复合体 IV 的电子传递过程

1.2.4　电子传递抑制剂

1. 抑制剂的种类及其作用部位

能够阻断呼吸链中某一部位电子传递的物质称为电子传递抑制剂。利用专一性电子传递抑制剂选择性地阻断呼吸链中某个传递步骤，再测定链中各组分的氧化-还原态情况，是研究电子传递链顺序的一种重要方法。电子传递抑制剂常具有特异性的抑制位点，可以阻断呼吸链中的特定环节，因此对判断电子传递的顺序有重要的指导意义，常见的电子传递抑制剂可分为以下几类：

（1）鱼藤酮、辣椒素、氯化铜、安密妥、杀粉蝶菌素等。其作用是阻断电子在 NADH 脱氢酶内的传递，所以阻断了电子由 NADH 向 CoQ 的传递。

（2）抗霉素 A、二巯基丙醇、敌草隆。干扰电子在细胞色素还原酶中细胞色素 b 上的传递，所以阻断电子由 QH_2 向 Cyt.c_1 的传递。它是由链霉素分离出来的抗生素，能抑制电子从细胞色素 b 到细胞色素 c_1 的传递。

（3）氰化物（CN^-）、硫化氢（H_2S）、叠氮化物（N_3^-）、一氧化碳（CO）等。其作用是阻断电子在细胞色素氧化酶中的传递，即阻断电子由 Cyt.aa_3 向分子氧的传递。

此外，其他抑制剂，如双香豆素对厌氧呼吸链中的重要组成成分甲基萘醌的氧化态与还原态的可逆转化有抑制作用；二盐酸喹吖因水合物能够干扰 FAD 脱氢酶参与的电子传递过程；二环己基碳二亚胺和羰基氰基-3-氯苯腙分别对 ATP 合成酶与质子跨膜转运过程有抑制作用。常见的电子传递抑制剂抑制位点如图 1.6 所示。

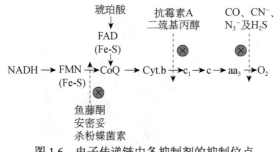

图 1.6　电子传递链中各抑制剂的抑制位点

2. 抑制剂在电子传递链机制探究中的应用

电子传递对经由生物体系发生的物质和能量代谢过程起至关重要的作用，其中电子传递链是非常重要的基础理论。研究微生物电子传递途径是揭示微生物环境行为及其电子转移特性的基础。利用电子传递抑制剂具有特异性的抑制位点，可以阻断呼吸链中的特定环节，为探究醌介体在不同污染物[如硝酸盐、氨盐、高氯酸盐、Se（Ⅳ）、Te（Ⅳ）等]生物还原电子传递链上的加速位点及其电子传递机理提供重要思路。

（1）抑制剂对反硝化过程的影响。已有研究表明，Cu^{2+}、鱼藤酮、双香豆素等抑制剂对反硝化过程有显著抑制作用。其中 Cu^{2+} 对 Fe-S 蛋白的抑制属于非竞争性抑制，Cu^{2+} 浓度较高时，Fe-S 蛋白被完全破坏，电子传递链被打断，Cu^{2+} 浓度相对低时，部分 Fe-S 蛋白仍有活性。鱼藤酮抑制机理是阻断电子在 NAD（P）H-Q 还原酶即复合体 Ⅰ 内的传递，从而阻断了电子从 NADH 向辅酶 Q 的传递。

NAD（P）H-Q 还原酶是一个大的蛋白质复合体，FMN 和铁-硫聚簇（Fe-S）是该酶的辅基。加入醌类介体后对鱼藤酮的抑制有缓解作用，但缓解作用有限。因此可以推断醌类介体加速位点可能与鱼藤酮的抑制位点很接近；双香豆素具有萘醌结构，其抑制作用机理是对厌氧呼吸链中的重要组成成分甲基萘醌的氧化态与还原态的重复转化产生了抑制作用（竞争性抑制），从而阻止甲基萘醌对电子的传递。加入 AQDS 后可在一定程度上缓解其抑制作用，说明醌类介体在反硝化电子传递链中的作用和甲基萘醌很相似，双香豆素抑制甲基萘醌作用的同时也抑制了醌的电子传递作用。

（2）抑制剂对厌氧氨氧化过程的影响。利用鱼藤酮、Cu^{2+}和辣椒素 3 种抑制剂对复合体 I 是否参与了厌氧氨氧化过程进行研究，复合体 I（NADH 脱氢酶）催化电子从 NADH 向辅酶 Q 的传递，同时伴随着 4 个 H^+ 的传递以及能量的释放。随着抑制剂浓度的增加，厌氧氨氧化过程受抑制程度不断增强，证实了复合体 I 参与了厌氧氨氧化的电子传递过程。而双香豆素是一种醌基类似物，阻碍电子向甲基萘醌的传递，通常也被认为是"醌井"的抑制剂。低浓度双香豆素对厌氧氨氧化过程无抑制作用，可以推测电子在经过"醌井"之后存在另一个传递途径至硝酸盐还原酶（Nar）。而在 0.08mmol/L 高浓度双香豆素加入体系后，总氮的去除率明显被抑制，这表明"醌井"参与了厌氧氨氧化过程的电子传递；此外，根据 Kim 等研究表明抗霉素 A 抑制复合体 III 的活性位点，阻止电子从细胞色素 b 向细胞色素 c 的传递。因此，可利用抗霉素 A 来研究复合体 III 是否参与了厌氧氨氧化过程，研究发现抗霉素 A 对 NO_2^- 的还原轻微抑制，而对 NH_4^+ 的氧化严重抑制。这一结果表明：复合体 III 参与了厌氧氨氧化电子传递过程，而且复合体 III 位于联氨合成酶（HZS）之前，亚硝酸盐还原酶（NiR）之后；叠氮化钠用来研究复合体 IV（细胞色素氧化酶）是否参与了厌氧氨氧化过程。复合体 IV 催化电子从细胞色素 c 向 O_2 的传递，一分子氧被细胞色素氧化酶还原，伴随着 4 个 H^+ 穿过膜传递至膜内空间。而叠氮化钠已经被证实是细胞色素氧化酶的抑制剂并且阻止了好氧氧化的过程。研究发现随着叠氮化钠浓度的提高，厌氧氨氧化过程的抑制程度逐渐增强，由此可知复合体 IV 参与了厌氧氨氧化的电子传递过程。

Madigan 等研究表明，厌氧氨氧化电子传递过程中所涉及的酶位于厌氧氨氧化体膜上，在厌氧氨氧化过程中，NO_2^- 通过 NiR 被还原为 NO；NO 和 NH_4^+ 通过 HZS 反应生成 N_2H_4；在 HZS 的作用下，N_2H_4 被还原为 N_2。ATP 合成酶催化 ADP 向 ATP 的转化。基于不同电子传递抑制剂对电子传递位点的抑制作用，研究厌氧氨氧化电子传递机理以及在此过程中涉及的酶。结果表明，复合体 I、复合体 II、复合体Ⅲ以及复合体Ⅳ参与了厌氧氨氧化电子传递过程。综合可以得出厌氧氨氧化电子传递机理如图1.7。

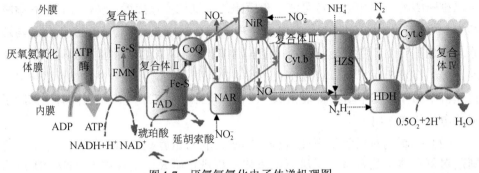

图1.7　厌氧氨氧化电子传递机理图

（3）抑制剂对高氯酸盐还原过程的影响。利用辣椒素、NaN_3和双香豆素等电子传递抑制剂对微生物降解高氯酸盐的电子传递过程进行研究，发现微生物降解高氯酸盐的过程中，首先将电子传递给 NADH 脱氢酶，其接受两个电子和质子后，NADH 被氧化成 NAD^+并且释放 1 个 ATP。随后电子被转移到下一个电子受体——FMN。与此同时，FAD 被氧化成 FAD^+并且释放电子。两个黄素将电子传递给辅酶 Q，自身又被氧化成 FMN 和 FAD。辅酶 Q 每次可以将一个电子传递给复合体Ⅲ，复合体Ⅲ将电子由辅酶 Q 传递给细胞色素 c 后，再将电子传递给电子传递链的最后一个部分——复合体Ⅳ。最后，电子脱离复合体Ⅳ，穿过细胞膜进入到周质空间，参与高氯酸盐的降解过程。电子流经复合体Ⅲ和复合体Ⅳ分别释放出 0.5 个和 1 个 ATP。

1.2.5　胞外呼吸电子传递过程与机制

在无氧呼吸中，电子受体的氧化还原电势比氧气低，因而电子供体与受体间的电势差小，产生的能量也较少。此外，电子受体只能接受低电势载体传递的电子，因而末端电子受体的氧化还原电势决定了电子传递链的组成。如图1.8 所示，胞外呼吸的电子传递链组成与传统的有氧呼吸和胞内厌氧呼吸相比有显著差异，主要表现为：

（1）末端还原酶的组成和定位不同。有氧呼吸的电子受体是氧气，其可以进入细胞内，所以末端还原酶位于细胞质膜内侧（图1.8-Ⅰ）；而胞内无氧呼吸的还原酶位于周质一侧，无氧呼吸的电子受体在周质中被还原（图1.8-Ⅱ）；胞外无氧呼吸的电子受体为固体，在细胞外无法进入细胞。

（2）电子传递至最终电子受体的方式不同。胞外呼吸产生的电子必须经电子载体的传递跨过周质传递到细胞外膜，被外膜上的细胞色素 c 或其他功能蛋白，通过多种作用方式，最终将电子由细胞外膜传递到胞外电子受体（图 1.8-Ⅲ）。

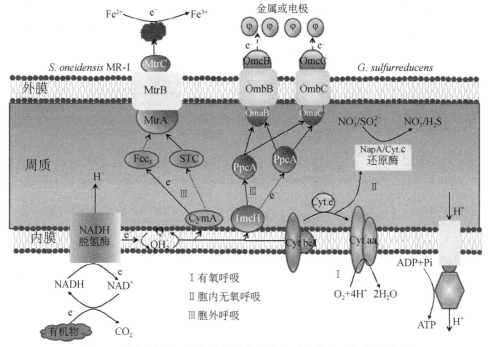

图 1.8　有氧呼吸、胞内无氧呼吸和胞外呼吸的电子传递链模型

胞外呼吸的电子传递主要包括两个过程：电子从细胞质膜到外膜的传递过程和电子从细胞外膜到电子受体的传递过程。

1. 细胞质膜到外膜的电子传递过程

微生物利用有机物进行氧化呼吸代谢，以有机物作为电子供体，将电子传递到细胞膜上，部分菌类可以通过糖代谢等方式产生 NADH，再通过 NADH 脱氢酶、醌类、细胞色素等电子载体进行传递，使胞外电子传递过程由经典呼吸链组分从细胞质膜延伸到周质和外膜上。其中，质膜上的电子载体可同时传递氢质子和电子，并偶联能量的产生；而周质和外膜上的电子载体只具有电子传递的能力，不伴随 ATP 的产生。

目前，胞外呼吸链质膜部分的研究刚起步，胞外电子传递链的周质和外膜部分是胞外电子传递过程的研究重点。已有研究表明，胞外呼吸菌的内膜、周质和外膜上存在着一类重要的电子传递蛋白——Cyt.c，其含有多个排列紧密的含铁血红素，能介导电子的传递。血红素 c 常通过半胱氨酸（Cys）的硫醚键与蛋白部分结合，形成完整的细胞色素 c 蛋白；中心元素"铁"是电子的传递中心，其价态的变化决定了 Cyt.c 的氧化还原电位。

目前关于胞外电子传递链相关 Cyt.c 的研究，大多集中在 *S. oneidensis* MR-1 和 *G. sulfurreducens* 这两种典型的胞外呼吸模式菌株。Cyt.c 的功能和定位一直是胞外呼吸的研究热点，而铁呼吸和产电呼吸较腐殖质呼吸关于 Cyt.c 的研究报道较多。表 1.2 列出了两株代表菌胞外电子传递中部分重要的 Cyt.c。

表 1.2   两株代表菌胞外呼吸 Cyt.c 种类和功能

代表微生物	Cyt.c	参与的呼吸	基本功能
Shewanella oneidensis MR-1	CymA	铁呼吸/DMSO 呼吸/产电呼吸	含有 4 个血红素，介导电子从醌泵到周质空间的传递
	MtrA	铁呼吸/DMSO 呼吸/产电呼吸	含有 10 个血红素，介导电子从 CymA 到外膜受体或直接还原周质中可溶的 Fe（Ⅲ）
	MtrB	铁呼吸/AQDS 还原/产电呼吸	不是细胞色素，可能参与 MtrC 和 OmcA 的转运和定位；作保护鞘
	MtrC	铁锰呼吸/产电呼吸	与 OmcA 形成蛋白复合体/作末端还原酶；参与纳米导线的组成
	OmcA	铁呼吸/产电呼吸	含有 10 个血红素；可能具有胞外受体识别能力；参与纳米导线的组成
	GspD/GspE	铁呼吸/产电呼吸	组成 T2S 分泌系统，可能参与 MtrC 和 OmcA 的转运
	DmsE DmsF/DmsAB	DMSO 呼吸（此菌特有）	DmsF：可能保护末端还原酶 DmsAB：作末端 DMSO 还原酶
Geobacter sulfurreducens	MacA	铁呼吸/产电呼吸	介导电子从醌到外膜电子传递体
	PpcA/PpcB	铁呼吸/AQDS 还原/产电呼吸	含有 3 个血红素；在乙酸代谢中可能是电子传递体，不影响氢为电子供体的电子传递
	OmcB	铁还原/产电呼吸	含有 12 个血红素；末端还原酶或将电子传递到末端还原酶
	OmcE/OmcD	铁呼吸	OmcD：含有 4 个血红素；OmcE：含有 6 个血红素；可能是末端铁还原酶，不参与可溶性铁还原，OmcE 不参与产电呼吸
	OmcS	铁呼吸/产电呼吸	将电子直接传给电极，不依赖纳米导线传导
	OmcZ	产电呼吸	介导生物膜中同种细胞的电子传递
	OmcT	铁呼吸/产电呼吸	与 OmcS 的表达有关
	OmcF	铁呼吸/产电呼吸	帮助其他 Cyt.c 转录和定位
	pilA	铁呼吸/产电呼吸	T4P 菌毛系统的结构蛋白，缺少明显的血红素和金属结合位点，内膜、周质和外膜都可接受电子

研究表明，*Shewanella* 中最主要的电子传递模块是 MtrCAB 蛋白，由基因 *omcA-mtrCAB* 编码，位于外膜的细胞色素 c（MtrC 与 OmcA）可将电子直接传递到胞外受体。目前，有研究发现甲基萘醌（menaquinone）、OmcB、CymA 和 MtrB 是 *S. oneidensis* MR-1 还原 AQDS 的必需蛋白。另有研究证明，甲基萘醌基因缺失株无法进行腐殖质呼吸。而 *Geobacter* 的电子传递机制与 *Shewanella* 存在较大

差异，其参与胞外电子传递细胞色素 c 主要包括 MacA（位于内膜表面与胞质相连）、PpcA（存在胞质中），以及位于外膜蛋白的 Omcs（包括 OmcB、OmcE、OmcS 及 OmcZ）。OmcZ 和 OmcB 是产电呼吸必需组分，而铁呼吸中必需的 Cyt.c——OmcE 不参与电极的电子传递。2009 年，Risso 等研究了 *R. ferrireducens* 底物代谢和电子传递的详细途径，结果发现其含有 69 个可能的细胞色素 c 基因，多数位于周质或外膜，其中 45% 是 *Geobacter spp.* 胞外电子传递过程中必需的 Cyt.c，如 OmcB、OmcC、OmcS 和 OmcT 的同源体。这一研究结果显示，参与胞外电子传递的 Cyt.c 可能存在种属差异性。

目前已发现 *S. oneidensis* MR-1 和 *G. sulfurreducens* 分别有 42 个和 100 多个 Cyt.c 基因，但这些基因的功能并不完全清楚，究竟哪些 Cyt.c 是胞外呼吸的必需组分，还需进一步研究确定。Gralnick 和 Newman 推测微生物能够识别不同电子受体的原因为：①受体末端还原酶具有专一性，它在外膜上的正确定位由特异性蛋白（如 MtrB）介导；②不同受体共用相同的末端还原酶，而末端还原酶本身具有识别不同胞外受体的能力。除了 Cyt.c，一些调控基因（或蛋白）和分泌蛋白在胞外电子传递中也发挥了重要作用。如直接作用于 OmcA 的 *fur*（ferric uptake regulator）基因；参与周质蛋白分泌的双精氨酸转运系统；参与胞外受体感应的 RpuS 系统和外膜上的多铜蛋白等。

2. 细胞外膜到胞外受体的电子传递过程

微生物将电子由胞内传递到外膜后，可通过以下几种方式将电子传递到胞外电子受体。

（1）氧化还原介体介导。即胞外呼吸菌利用自然环境中存在的腐殖质、植物根系分泌物或者微生物自身合成的核黄素等物质（内生介体）作为电子穿梭体接受来自胞内的电子，并将电子传递给末端电子受体，之后以氧化态形式返回细胞再次接受电子，如此反复循环，在胞外呼吸菌与末端电子受体之间起到穿梭体的作用。在外界环境中，胞外呼吸菌在利用不可溶性物质作为电子受体时，电子穿梭体起了非常重要的作用。已确定的内生介体包括微生物的初级代谢物（如 H_2、H_2S 和氨等）和次级代谢物（如吩嗪类色素和核黄素）。

相比而言，这种机制的优势在于微生物无须与电子受体直接接触就能完成电子传递过程，它可以作为辅助性方式参与同种或异种细胞的远距离电子传递。例如，在电子受体有限的自然环境中，不同微生物（发酵细菌和产电细菌）常在胞外固态受体（阳极或铁锰氧化物）表面形成微生态系统——"生物膜"，运用上述两种机制，协同完成胞外电子传递。

（2）直接接触机制。即直接利用外膜上的 Cyt.c 或细胞表面附属物——"纳米导线"将电子传递至受体。这种方式多发现于希瓦氏菌属（*Shewanella* spp.）和地杆菌属（*Geobacter* spp.）[3]。胞外呼吸菌与末端电子受体之间能够直接接触是直接电子传递机制的前提条件，也会影响电子传递速率。*Shewanella* 菌不仅能够直接将电子传递给可溶性胞外电子受体，还可直接传递到固态胞外电子受体［如Fe（Ⅲ）氧化物］。

微生物纳米导线（microbial nanowires）是指微生物外膜由聚合蛋白微丝组成的类似纤毛的导电附属物。其直径为 10nm 左右，长度可达到几十至几百微米，细长而柔韧，并与微生物细胞周质空间和细胞外膜紧密相连。纳米导线机制最先发现于 *G. sulfurreducens* 中，这种"纳米导线"能够在胞外呼吸菌无法与电子受体直接接触的条件下，进行远距离电子传递，主要是通过细胞色素之间电子跃迁或者类似金属导电的形式来传递电子。"纳米导线"可以进入土壤和沉积物的纳米孔隙，不仅有利于细胞吸附于不溶性电子受体表面，还可以传递电子进行还原作用[4]。

（3）应电运动机制。是指有些胞外呼吸菌能将氧化底物所产生的电子储存在细胞表面，形成一种"生物电容"，然后以"接触-传递"的方式将电子传递给末端电子受体，或者通过细菌伞毛接触末端电子受体后将电子传递出去，并迅速脱离电子受体表面，然后参与下次电子传递[5]。这种应电运动机制与电子穿梭体机制存在显著差异，应电运动机制依靠微生物自身的运动，不需要借助电子穿梭体。然而并不是任何条件下都能发生应电运动，需要有合适的胞外电子受体才能激发应电运动，这种应电运动区别于微生物的趋电性和趋药性[6]。

（4）细胞间电子传递机制。胞外电子传递的过程不仅存在于微生物与电子受体之间，也存在于不同种微生物之间。最典型的是氢气产生与利用的微生物细胞间电子传递途径，胞外呼吸菌将电子用于还原质子产生氢气，再由产甲烷菌将氢气与二氧化碳转化为甲烷[7]。在沉积物、厌氧土壤以及厌氧分解池中都发现有大量利用 H_2/甲酸盐生长的产甲烷菌，这说明细胞间电子传递体对调控环境中的甲烷生成具有重要作用。此外，细胞间也存在直接电子传递机制。如产甲烷丝菌（*Methanosaeta haurindacaea*）与地杆菌（*Geobacter metallireducens*）混合培养过程中能够接受来自后者直接传递的电子并将二氧化碳还原为甲烷[8]。除上述微生物间电子传递途径外，微生物细胞之间还可以通过电介质进行间接电子传递，其效率和速率都会高于细胞间直接接触传递。

不同胞外呼吸菌的电子传递方式存在差异。例如，*Shewanela* 常以乳酸为电子供体，主要依靠分泌醌类等穿梭体完成胞外电子传递；而 *Geobacter* 不能分泌电子穿梭物质或螯合体，它主要依靠产生鞭毛和纳米导线来传递电子，其传递效率高，是胞外呼吸的优势菌群。另外，同一株胞外呼吸菌也可能采取多种电子传递方式。目前，胞外电子传递机制的研究主要集中在革兰氏阴性菌，只发现了少数几株革兰氏阳性菌具有胞外呼吸活性，而且它们电子传递效率普遍较低。两类菌群细胞壁结构和组分的不同决定了两者胞外电子传递能力的差异；革兰氏阳性菌的细胞壁结构紧密，周质空间狭小，多数成分是不导电的肽聚糖，脂蛋白含量很少；而阴性菌的细胞壁结构疏松，周质空间大，其中含有丰富的 Cyt.c 和其他功能性蛋白，可作为有效的电子传递体。

1.3　微生物新型呼吸

相对于传统呼吸而言，胞外呼吸作为一种新型呼吸作用，是近些年发现的微生物新型能量代谢方式。根据最终电子受体不同，可将其分为产电呼吸、铁（锰）呼吸和腐殖质呼吸多种形式。

1.3.1　产电呼吸

早在 1911 年，人们就发现微生物可以产电，随着微生物燃料电池（microbial fuel cell，MFC）的突破性发展，产电呼吸的概念被明确提出。2006 年，Lovley 指出产电微生物在 MFC 中采用一种新型呼吸产能方式，即微生物产电呼吸（microbial electricigenic respiration），是指在 MFC 阳极室中，微生物彻底分解有机物产生 CO_2，并偶联能量产生，维持自身生长；释放的电子传递到阳极，并经外电路的传递最终还原阴极电子受体（O_2 等），以此循环产生电流的过程。

产电呼吸具有许多优点：①有机物氧化彻底，电子回收率（能量转换率）较高；②直接将有机物氧化过程产生的电子传递给电极，无须外加介体，降低了运行成本；③微生物从电子传递过程中获取生长和更新所需能量，自我维持代谢活性，可实现 MFC 持续运行。目前，研究者在产电微生物、电极材料等方面的研究与优化，使得 MFC 产电水平不断升高。然而，电池输出功率密度低仍是制约 MFC 实际应用的主要因素。

1. 产电微生物及其多样性

产电微生物及其产电机制是 MFC 系统的核心要素，产电微生物是指那些能够在厌氧条件下完全氧化有机物生成 CO_2，然后把氧化过程中生成的电子通过电子传递链直接传递到电极上产生电流的微生物，即具有胞外电子转移能力，能够进行产电呼吸的微生物。产电微生物在文献中的称谓并不统一，如胞外产电微生物（exoelectrogens）、阳极呼吸菌（anode respiring bacteria）、电化学活性菌（electrochemically active bacteria，EAB）、亲电极菌（electrodophile）、亲阳极菌（anodophile）、异化铁还原菌（dissimilatory iron reducing bacteria，DIRB）等均被用来指代产电微生物。Logan 提出以"Electricigens"作为产电微生物的规范术语，专门指能够利用电极为唯一电子受体彻底氧化有机物的微生物。目前被证实的产电微生物种类繁多，包括原核细菌、真核酵母和蓝藻等[9]。最广为研究的产电微生物为异化金属还原菌，如地杆菌属（*Geobacter* spp.）、希瓦氏菌属（*Shewanella* spp.），铁还原红螺杆菌（*Rhodoferax ferrireducens*）等，见表 1.3。

表 1.3　已报道的主要产电微生物概况

产电微生物	菌门	革兰氏染色	可利用基质	备注
Geobacter sulfurreducens	δ-变形菌	阴性	乙酸	异化铁还原菌
Geobacter metallireducens	δ-变形菌	阴性	安息香酸盐	异化铁还原菌
Geopsychrobacter electrodiphilus	δ-变形菌	阴性	乙酸、苹果酸、延胡索酸、柠檬酸、芳香族化合物	异化铁还原菌
Desulfuromonas acetoxidans	δ-变形菌	阴性	乙酸	异化铁还原菌
Rhodoferax ferrireducens	β-变形菌	阴性	葡萄糖、果糖、蔗糖、木糖	异化铁还原菌
Rhodopseudomonas palustris	α-变形菌	阴性	挥发性脂肪酸、酵母提取物、硫代硫酸盐	光养紫色非硫菌
Ochrobactrum anthropi	α-变形菌	阴性	乙酸、乳酸、丙酸、丁酸、葡萄糖、蔗糖、纤维二糖、丙三醇、乙醇	不能还原铁氧化物

地杆菌是一类非常重要的产电微生物。2002 年，Bond 等将石墨电极或铂电极插入厌氧海水沉积物中，与之相连的电极插入溶解有氧气的水中，获得了持续的电流；对阳极微生物群落进行分析，结果显示 Geobacteraceae 科的细菌在电极上高度富集，从而揭示了 Geobacteraceae 可利用电极为最终电子受体直接产电。至目前为止，能够以电极作为唯一电子受体的地杆菌有：*G. sulfurreducens*、*G. metallireducens* 和 *G. psychrophilus* 等。其中 *G. sulfurreducens* 是最早报道的能够进行产电呼吸的微生物，该菌能够利用电极完全氧化乙酸为 CO_2，电流稳定，电子回收率高。目前，*G. sulfurreducens* 的全基因组序列的测定已经完成，有较好的遗传信息背景，该菌已成为产电呼吸代谢研究的模式菌株。

Shewanella spp.是革兰氏阴性、兼性厌氧菌，广泛存在于水底或海底沉积物中，在厌氧条件下利用乳酸、葡萄糖等为碳源进行无氧呼吸，不能以乙酸为底物。从地下沉积环境中分离出的铁还原红螺杆菌（*R. ferrireducens*）则是最早报道的能进行产电呼吸，彻底氧化糖类的兼性厌氧微生物。此外，*R. ferrireducens* 还能

利用果糖、蔗糖、乳糖和木糖等长期稳定地产电，因此在富含碳氢化合物废弃生物质的开发利用方面极具潜力。Desulfobulbulbaceae 科细菌也是一类重要的产电微生物，它能够利用电极作为唯一电子受体将 S^0 氧化为 SO_4^{2-} 获得能量。

2. 微生物产电呼吸机制

产电呼吸与传统厌氧呼吸存在很大差别：传统厌氧呼吸以硫酸盐、硝酸盐、碳酸盐等可溶无机物或延胡索酸等有机氧化物为末端电子受体，它们可自由出入细胞，接受并转移电子；产电呼吸则以不溶性电极为唯一的末端电子受体，电极不能穿透膜结构进入细胞，故电子必须从胞内转移至胞外后再传递到电极表面。因此，产电呼吸的特点是产电微生物只用电极（而非溶解性分子）为电子受体进行呼吸产能。产电呼吸主要包括两个过程：产电微生物在阳极室催化氧化有机物产生电子；电子由胞内传递至胞外，继而传递至阳极表面，还原电极。其中，电子的传递过程是关键。典型的异化金属还原菌——希瓦氏菌和地杆菌在电极界面的电子传递方式主要分为：直接电子传递（direct electron transfer，DET）和间接电子传递（indirect electron transfer，IET），直接电子传递又分为细胞外膜色素蛋白（outer membrane c-type cytochromes，OMCs）介导的和细菌纳米导线介导的两种电子传递机理[10]。

实际上微生物产电呼吸受多种因素的影响，主要包括氧气扩散、温度、pH 及其他因素等。当氧气扩散至阳极室后，兼性或好氧产电微生物会以氧气为电子受体消耗部分阳极室的底物，因此降低库仑效率，而阳极氧化还原电位升高，不仅抑制产电微生物的呼吸作用，而且降低电池输出电压。在 MFC 设计中应尽量采用性能良好的阴阳极隔离材料，减少氧气扩散，或者在阳极室中加入氧气清除剂，如半胱氨酸等，从而保持较低的氧化还原电位。温度是 MFC 实际应用中重要的运行参数，温度变化对阳极产电微生物的代谢和呼吸活性产生影响，进而影响 MFC 性能。而 pH 反映了溶液中的质子浓度，pH 较低时，阳极室质子浓度高，与电极间的浓度差大，利于质子的传递，反之则不利。但是 pH 过低或过高都不利于产电微生物的生长，因此不同产电微生物种类都存在最佳的 pH 范围。此外，产电呼吸还受产电微生物种类、有机物浓度、外电阻和阳极电势等其他因素的影响。例如，减小外电阻可使阳极有机物的氧化速率提高，电子传递速率加快，电流随之增加；而阳极电势则影响产电呼吸过程中的电子产生速率，通过生物膜与阳极间的电势梯度驱动细菌细胞至电极的电子传递。

3. 介体促进微生物产电呼吸研究

投加化学试剂可改变产电微生物的细胞通透性、细胞分裂等特征，以达到增强其产电呼吸能力的目的。其中表面活性剂的应用最为广泛，Liu 等在生物电化学系统（BES）中添加乙二胺四乙酸（EDTA）和聚乙烯亚胺（PEI），发现两种化学表面活性剂均能破坏 *Pseudomonas aeruginosa* 细胞膜外的脂多糖层，形成更多孔道，从而促进其分泌氧化还原介体吩嗪的能力，处理后的 BES 电流密度均达到对照组的 1.6 倍。但化学表面活性剂对微生物有一定的毒性，一定程度上阻碍了电活性生物膜的形成且降低细胞活性。因此在使用化学表面活性剂时，需谨慎选择合适的投加浓度和投加时间等参数。生物表面活性剂是由微生物代谢过程中自体分泌的物质，比化学表面活性剂更具有生物友好性，投加外源的鼠李糖脂和槐糖脂被证明可通过增大细胞膜通透性，促进电子介体分泌的方式进一步改善 BES 的产电性能；据统计，在可以分泌电子传递介体的产电微生物体内，以可溶性的氧化还原分子介导的电子传递是最主要的胞外电子传递方式，其输送的电量占总电量的 70%~90%；也有研究证明，添加不同的重金属离子如 Cu^{2+}、Cd^{2+}等，可以诱导电子介体核黄素的分泌，从而提高胞外电子传递效率。一些外生介体包括醌类物质、腐殖质等具有接受和给出电子的能力，在 MFC 中加入电子穿梭体可以加速电子从微生物到电极的传递，从而提高 MFC 的电流密度和电能输出。

氧化还原介体在细菌和电极之间形成电子传递桥梁，以阳极为例，介体先从细菌处获取电子，再在阳极表面释放电子。通常认为，参与传递电子的氧化还原介体、微生物和电极之间的作用机制有三种：①微生物将氧化还原反应产生的电子直接传递给溶解在溶液中的氧化还原介体，氧化还原介体将电子传递给电极；②氧化还原介体进入到微生物体内，被还原后从微生物体内出来再将电子传递给电极；③微生物富集在电极表面，将反应产生的电子传递给细胞表面的氧化还原介体，再通过氧化还原介体传递给电极。当一些菌株附着在恒定电位电极上且溶液中没有可溶性电子受体时，会产生并分泌出可溶性氧化还原穿梭体，这种氧化还原穿梭体的积累会使电子向电极传递的速率增加几倍。可溶性氧化还原穿梭体是非特异性的，在混菌条件下可被其他菌株利用，使其电子传递至电极更容易。由于氧化还原介体在 MFC 中的广泛应用，微生物燃料电池的输出功率有了较大的提高，增加了其作为小功率电源使用的可行性。因而从某种意义上说，氧化还原介体在 MFC 中的应用推动了该技术的研究与开发。

4. 产电呼吸应用前景

产电微生物是环境领域的研究热点，其在废水处理和电能生产、微生物制氢、生物传感器和环境在线监测等多方面都表现出良好的应用前景。

（1）净化污水产电。如何克服现今能源短缺、资源枯竭、环境污染并同时实现高效、可持续的污水处理是当今社会急需解决的现实问题，而微生物燃料电池是一种清洁、高效且性能稳定的产电技术。市政污水和工业废水中均含有大量有机化合物[11]，相对于现有的其他污水处理方法，微生物燃料电池最具独特的优势是通过微生物的代谢，将污水中的有机物氧化直接输出产生可利用的电能，在这一过程中无须曝气，极大地降低了运行成本，具有实现可持续污水处理的前景。

（2）生物制氢。氢气是已知所有燃料中质量能量密度最高的，其燃烧或电化学使用过程为零污染排放，因而被认为是最清洁的能源。目前，氢气主要以不可再生化石原料制备，生物制氢为绿色可持续生产氢气提供了新的选择，通过微生物电解池（microbial electrolysis cells，MECs）以可再生资源制氢受到人们的关注。MECs 是由 MFC 衍生而来，MECs 与 MFC 阳极反应原理基本相同，两者的差异主要表现为 MECs 的阳极和阴极间加有外电压，在其代谢过程中，电子从细胞内转移到了细胞外的阳极，通过外电路在电源提供的电势差作用下到达阴极，在阴极以 H^+ 作为电子受体产生 H_2 而不是以 O_2 作为电子受体生成 H_2O[12]。这一过程需要额外的电能驱动发生，理论上需要施加的电压为 0.114V，相比于传统电解水制氢需要的电能（理论值为 1.23V）则低很多[13, 14]。通过反应器构型和电极材料的开发与改进，使 MECs 在清洁能源生产方面具有很大的提升空间和应用潜力。

（3）生物传感器和其他应用。尽管 MFC 的功率输出密度相对于其他能源技术（如化学燃料电池）偏低，但是仍然足以满足一些小型传感分析器件的需求，且由于 MFC 的构建可就地取材，可为偏远地区的传感器提供能源支持。另外，MFC 的输出电压和功率均会受到各种环境因素如有机物类型和浓度、温度、pH、有毒物或抑制剂的影响，也就是说 MFC 除了能给传感器供能外，其自身也可以直接作为传感器[15]。目前，MFC 已被开发用于检测 BOD、有毒物质、微生物活性与微生物群体、腐蚀性生物膜等。除此外，产电呼吸在纳米电子学、生物医学等领域也具有广泛的应用价值。

1.3.2　铁（锰）呼吸

铁（锰）呼吸（iron/manganese respiration），也称异化铁（锰）还原，是进化最早的胞外呼吸形式。它是指微生物以细胞外不溶性的铁（锰）氧化物[如赤铁矿（α-Fe_2O_3）、针铁矿（α-FeOOH）或二氧化锰（MnO_2）]为末端电子受体，彻底氧化电子供体产能的过程。铁呼吸是微生物胞外呼吸的主要部分，自然界中诸多的氧化铁矿石均可作为胞外良好的电子受体。铁呼吸不但对铁的分布产生影响，而且对其他的痕量元素和营养物质的分布及有机物的降解起着重要的作用。

早在 20 世纪初，人们就发现，某些微生物可以还原铁（锰）氧化物，但大多数菌株都不能从底物氧化过程获得生命活动所需的能量，而且底物氧化不彻底。直到 1988 年，Lovley 和 Phillips 首次分离出可以完全氧化有机物，并且能够产能的菌株 *Geobacter metallireducens* GS-15。随后的研究发现，铁还原菌广泛分布在土壤、活性污泥和废水、海洋/淡水沉积物等环境中，并能偶联污染物的原位降解和重金属还原。异化锰还原菌大多是革兰氏阴性菌，主要分布在变形菌门、厚壁菌门等。这些锰还原菌广泛存在于采油污水、淡水沉积物、热液、泥土等多种环境中，通过结合自身的生长而还原锰的生物体在厌氧环境条件下的生物地球化学中发挥着重要的作用。以下内容主要以铁呼吸为代表，对铁还原菌类型、介体介导机制等内容进行介绍。

1. 铁还原菌

铁呼吸过程中微生物能获取能量支持生长，这种现象遍及古生菌和细菌，表 1.4 列出了一些铁呼吸还原菌。其中地杆菌是最普遍的 Fe（Ⅲ）还原微生物群，在土壤和沉积物中，地杆菌可以进行铁呼吸耦合多种有机物氧化。除地杆菌之外，γ-变形菌门希瓦氏菌属（*Shewanella*）是另一种特征显著的 Fe（Ⅲ）还原微生物群。研究表明，β-变形菌门的微生物也能还原沉积物中的 Fe（Ⅲ），一些硫还原菌、产甲烷微生物和极端微生物等也具有还原铁氧化物的能力。

表 1.4 铁呼吸菌及相关特性

Fe（Ⅲ）还原菌	来源	电子供体	氧化程度	电子受体
Clostridium beijerinckii	淡水沉积物	葡萄糖	不完全	Fe（Ⅲ）（maltol）$_3$ 柠檬酸铁
Ferribacterium limneticum	矿场附近的湖水沉积物	乙酸盐	完全	焦磷酸铁 柠檬酸铁
Geobacter metallireducens	水生沉积物	乙酸盐、苯甲醛、丁酸盐、苯酚等	完全	柠檬酸铁 水铁矿
G. sulfurreducens	污染的沟渠	乙酸盐 乳酸盐	完全	柠檬酸铁 水铁矿
G. thiogenes	厌氧土壤	乙酸盐	未确定	Fe-NTA 焦磷酸铁
Geogemma barossii	深海热液出口	延胡索酸盐、H_2	完全	水铁矿
Geothrix fermentans	污染的蓄水层	乙酸盐 乳酸盐	完全	柠檬酸铁 水铁矿、Fe-NTA
Shewanella oneidensis	水生沉淀物及其他环境	甲酸盐、乳酸盐、H_2、丙酮酸盐	不完全	柠檬酸铁 水铁矿
S. putrefaciens	水生沉淀物及其他环境	延胡索酸盐、H_2、乳酸盐、丙酮酸盐	不完全	柠檬酸铁 水铁矿

Fe（Ⅲ）铁还原菌的多样性表明，最初的 Fe（Ⅲ）还原菌呼吸形式在地球环境不断变化中发生了演化，有些 Fe（Ⅲ）还原菌仍保留原有呼吸形式，而有些 Fe（Ⅲ）还原菌失去了铁呼吸的能力，被其他呼吸形式所替代，同时其他菌在铁丰富的地层中也会发生演化，从而可以进行铁呼吸。

2. 铁呼吸机制

铁呼吸是一个复杂的体系，不同环境不同微生物有其相应的铁呼吸机制，在复杂的自然环境中，可能还存在多种未知的铁呼吸机制，它们相互补充，以某一种或几种机制为主其他为辅共同完成铁氧化物的还原过程。目前研究的 Fe（Ⅲ）呼吸机制主要有电子介体介导机制、直接接触机制、纳米导线辅助机制和螯合促溶机制。

（1）电子介体介导机制。利用自然环境中广泛存在的腐殖质、植物根系分泌物或细胞自身合成的氧化还原介体作为电子穿梭体，氧化态介体首先从胞内呼吸链末端得到电子变成还原态，还原态介体再将电子转移到 Fe（Ⅲ）氧化物，本身转化为氧化态，在这个过程中电子穿梭体可经历多次还原-氧化循环。由于电子穿梭体与铁还原菌和 Fe（Ⅲ）氧化物直接接触的概率高于 Fe（Ⅲ）氧化物与铁还原菌直接接触的概率，因此促进了铁呼吸作用。

（2）直接接触机制。在该过程中，微生物附着在铁氧化物表面，通过细胞外膜蛋白（如 *G. sulfurreducens* 外膜上的细胞色素 c）将电子直接传递给铁氧化物。有研究表明，亲疏水作用是控制微生物附着的一个影响因素，并且在没有其他作用机制存在时，直接接触是不溶性铁氧化物还原的前提条件，也是其限速步骤。

（3）纳米导线辅助机制。是指一定条件下某些铁还原菌如 *G. metallireducens* 形成类似纤毛的导电附属物，可远距离向 Fe（Ⅲ）氧化物传递电子，从而免除了细胞表面与电子受体的直接接触。导电附属物又被称为微生物纳米导线，可以进入土壤和沉积物的纳米孔隙特性，对土壤中 Fe（Ⅲ）氧化物的还原尤其重要。

（4）螯合促溶机制。溶铁螯合剂，如 NTA（氮三乙酸）、EDTA（乙二胺四乙酸）和多磷酸盐等，可与 Fe（Ⅲ）氧化物形成可溶性螯合铁，通过扩散作用被输送到微生物表面，细胞外膜的还原酶传递电子给螯合铁，使 Fe（Ⅲ）还原。螯合促溶机制的直接电子受体是螯合铁。自然界中存在多种溶铁螯合物，如麦芽糖醇、邻苯二酚等，微生物有时也能分泌螯合物。

3. 铁呼吸与产电呼吸的异同

铁呼吸与产电呼吸密切相关，很多微生物兼具产电呼吸和铁呼吸的能力，且两种呼吸作用的电子受体[电极与 Fe（Ⅲ）氧化物]都属于不溶性胞外电子受体，因此产电呼吸与微生物广泛存在的铁呼吸两者具有相似的内在机制。如均可依靠外膜细胞色素 c 和纳米导线实现胞外电子传递过程。

尽管如此，铁呼吸并不等同于产电呼吸：①利用 Fe（Ⅲ）氧化物作为电子受体并不等同于传递电子至电极。如 *G. sulfurreducens* 还原电极时，可在电极上富集形成细胞膜传递电子，而还原 Fe（Ⅲ）氧化物时并未发现类似现象，可能是由于在 Fe（Ⅲ）氧化物表面形成细胞膜不利于电子传递，不同于可作为电子受体的电极；②铁还原菌并非都能进行产电呼吸，产电微生物也不能都实现 Fe（Ⅲ）氧化物的还原。Richter 等发现 Fe（Ⅲ）还原菌 *Pelobacter carbinolicus* 在 MFC 中不能产生电流，这可能是由于缺乏细胞色素 c 或纳米导线所致，具体细节尚不明确；Zuo 等在 U 形管状的 MFC 中分离出 *Ochrobactrum anthropi* YZ-1 菌株，可利用乙酸为电子供体产电，但不能还原 Fe（Ⅲ）氧化物；同样，Reguera 等发现 *G. sulfurreducens* 菌毛缺陷株虽不能还原 Fe（Ⅲ）氧化物，但能够利用乙酸产电；③在产电呼吸和铁呼吸中，用于电子传递的特异性蛋白是不同的，从分子水平角度分析，即参与阳极和金属氧化物电子传递的具体功能基因是有差异的。

4. 铁呼吸应用前景

目前，铁呼吸在环境修复方面的应用越来越受到重视，它可以加速有机污染物的降解，如用于还原脱氯反应，开发有机氯原位生物修复技术；影响其他金属的存在状态，如将可溶有毒的 Cr（Ⅵ）还原，通过沉淀形成毒性较小不溶的 Cr（Ⅲ），将金属从地下水中去除。

迄今，铁呼吸仍是一个比较新的研究领域，还需要对其进行全面深入的研究，结合当前的生物技术与氧化还原介体的介导作用，不断完善铁呼吸机制，可为铁还原菌的实际应用提供理论基础，促进这一领域的发展。

1.3.3 腐殖质呼吸

1. 腐殖质来源和性质

腐殖质（humic substance，HS）是由动物、植物及微生物残体经生物酶分解、氧化以及微生物合成等过程逐步演化而形成的一类高分子芳香族醌类聚合物，广泛存在于土壤、沉积物和水生环境中。腐殖质主要由 C、H、O、N、P 和 S 等元素构成，并含有少量 Ca、Mg、Fe 和 Al 等元素，具有较高的反应活性。腐殖质中含有大量羧基（—COOH）、酚羟基（酚—OH），醇羟基（醇—OH）、甲氧基（—OCH$_3$）和羰基（C＝O）等多种含氧官能团，且这些官能团具有离子交换性、弱酸性、吸附性、络合性和氧化还原性等，能与环境中的金属离子、氧化物、氢氧化物、矿化物和有机污染物等发生相互作用，从而影响污染物的迁移转化与归宿。天然腐殖质存在多个氧化还原位点，不同来源的腐殖质其氧化还原特性也存在差异。其可作为微生物和污染物间的氧化还原介体或直接作为微生物厌氧呼吸的电子受体参与环境中的电子传递过程。

腐殖质的氧化还原能力源于其结构中的氧化还原功能基团，核磁共振、电子自旋共振和循环伏安法等现代化学分析方法证明醌类基团是腐殖质中重要的、具有氧化还原活性的组分。根据醌的氧化还原程度，还原态为氢醌（hydroquinone，QH_2），氧化态为醌（quinone，Q），处于两者之间的为半醌自由基（QH·），氢醌、醌、半醌之间电子传递是可逆的（图 1.9）。

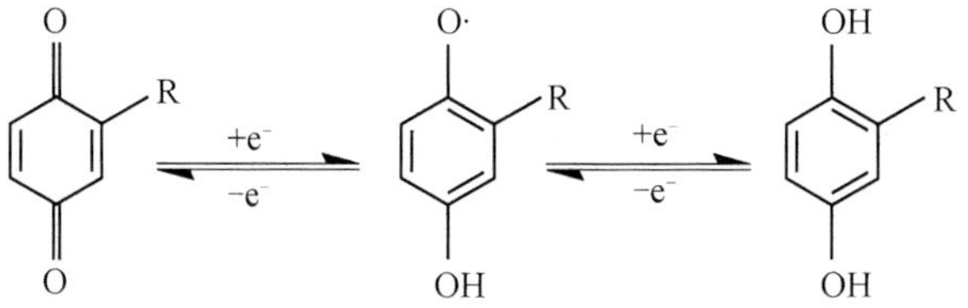

图 1.9　醌、半醌、氢醌之间的可逆电子传递过程

2. 腐殖质还原菌

腐殖质还原菌（humic-reducing bacteria，HRB）特指具有腐殖质还原能力的一类微生物。由于 HS 主要在厌氧环境中被还原，所以多数腐殖质还原菌是严格的厌氧菌。兼性厌氧菌（如发酵细菌）只有在 O_2 耗尽时才会以 HS 作为电子受体支持生长。G. metallireducens 是最早被发现的 HRB，随后越来越多的 HRB 被发现并用于科学研究，已发现的 HRB 见表 1.5。

表 1.5　腐殖质还原菌

腐殖质还原菌	电子供体	电子受体	其他电子受体
地杆菌			
Geobacter metallireducens	乙酸、H_2	AQDS、HA、HS	铁氧化物、柠檬酸铁
Geobacter sp. JW-3	乙酸、丙酸、乳酸、乙醇、H_2	AQDS、HA	柠檬酸铁、Mn（Ⅳ）
Geobacter sp. Tc-4	乙酸	AQDS、HA	柠檬酸铁、Mn（Ⅳ）
Geobacter humireducens	乙酸	AQDS、HA	Fe（Ⅲ）
Geobacter sulfurreducens	乙酸	AQDS、HA	Fe（Ⅲ）
脱亚硫酸菌			
Desulfitobacterium dehalogenans	乳酸、H_2	AQDS、HA	Se（Ⅵ）
Desulfitobacterium PCE1	乳酸、H_2	AQDS、HA	Se（Ⅵ）
Desulfitobacterium chlororespirans Co23	乙酸	AQDS、HA	Se（Ⅵ）、Fe（Ⅲ）、Mn（Ⅳ）
Desulfitobacterium FD-I	乙酸、丙酸、琥珀酸	AQDS	ND
希瓦氏菌			
Shewanella algae	乳酸、H_2	AQDS、HS	Fe（Ⅲ）
Shewanella cinica D14^T	乳酸	AQDS	铁氧化物
Shewanella putrefaciens DK	乳酸	AQDS	ND
Shewanella sacchrophila	乙酸	AQDS	Fe（Ⅲ）

续表

腐殖质还原菌	电子供体	电子受体	其他电子受体
发酵细菌			
Propionibacterium freudenreichii	乙酸、丙酸	AQDS、HA	水铁矿
Enterococcus cecorum	葡萄糖	HA	Fe（Ⅲ）
Lactococcus lactis	葡萄糖	HA	Fe（Ⅲ）
产甲烷菌			
Methanobacterium palustre	H_2、异丙醇	AQDS	铁氧化物
Methanobacterium thermoautotrophicum	H_2	AQDS、HS	铁氧化物
Methanococcus voltaei	H_2	AQDS	铁氧化物
Methanolobus vulcani	H_2	AQDS	铁氧化物
Methanosarcina barkeri MS	H_2、乙酸	AQDS	铁氧化物
Methanosphaera cuniculi	H_2	AQDS、HA	铁氧化物
Methanospirillum hungatei	H_2	AQDS、HA	
嗜热菌			
Archaeoglobus fulgidus	乳酸	AQDS、HS	铁氧化物
Methanopyrus kandleri	H_2	AQDS、HS	铁氧化物
Pyrobaculum islandicum	H_2	AQDS、HS	铁氧化物
Pyrodictium abyssi	H_2	AQDS、HS	铁氧化物
Thermococcus celer	H_2	AQDS、HS	铁氧化物
Thermotoga maritima	H_2	AQDS、HS	铁氧化物

异化金属还原地杆菌（*Geobacter metallireducens*）是最先发现的腐殖质还原菌。20 世纪 90 年代，学者分离鉴定了多种以腐殖质或 AQDS 为末端电子受体的细菌，其中包括与短链脂肪酸及 H_2 氧化相偶联的铀还原菌（如 *Deinococcus radiodurans*）、铁还原菌（如 *Pantoea agglomerans* SP1）、几种硫还原细菌（如 *Desulfovibrio* G11）、发酵细菌（如 *Propionibacterium freudenreichii*）和嗜热菌等。此外，一些产甲烷细菌还可以直接氧化有机污染物，以氯乙烯（VC）、二氯乙烯（DCE）或甲苯等作为电子供体还原 HS。

3. 腐殖质呼吸作用

腐殖质呼吸是厌氧环境中普遍存在的一种微生物呼吸代谢模式。自 1996 年发现以来，日益成为生态学与环境科学领域的研究热点。腐殖质呼吸作用的本质是在厌氧条件下，腐殖质还原菌通过氧化电子供体，偶联腐殖质或腐殖质模型物还原，并从这一电子传递过程中贮存生命活动的能量。研究发现这种腐殖质还原的呼吸过程普遍存在于土壤、水体沉积物、污泥等厌氧环境中。在厌氧条件下，一些微生物以腐殖质作为唯一电子受体，氧化环境中的有机质，产生 CO_2，参与碳循环。已发现在腐殖质呼吸过程中可作为电子供体的物质有：有机酸、糖类、

H_2、苯、甲苯、氯乙烯和聚氯乙烯等，因此腐殖质呼吸在有机物和无机物的生物降解中起重要的作用；同时，腐殖质呼吸作用产生的还原态腐殖质可以还原环境中的一些氧化态物质，如 Fe（Ⅲ）、Mn（Ⅳ）、Cr（Ⅵ）、U（Ⅵ）、硝基芳香化合物和多卤代污染物。因此，腐殖质呼吸能够影响环境中 C、N、Fe、Mn 以及一些痕量金属元素的生物地球化学循环，并且能够促进重金属和有机污染物的脱毒，在水体自净、污染土壤原位修复、污水处理等方面具有积极作用。

腐殖质中的醌类基团是主要的电子接受位点，因此腐殖质呼吸也可称为醌呼吸。Lovley 等利用 ESR 分析了腐殖质还原前后自由基的组成及含量，结果表明反应后体系中的半醌自由基和氢醌显著增加，由于半醌自由基和氢醌是醌基的还原产物，支持了醌型基团是腐殖质呼吸作用中电子接受位点的假设。腐殖质的组成和环境中的氧化还原条件是影响腐殖质呼吸作用的主要因素。不同种类的腐殖质，微生物还原速率有很大差异。研究表明，腐殖酸（HA）更容易被微生物还原，这主要是由于 HA 的溶解性较好，醌含量较高。此外，土壤中其他电子受体[如 NO_3^-、Mn（Ⅳ）、Fe（Ⅲ）、SO_4^{2-}、CO_2 等]的存在也会影响腐殖质呼吸速率，腐殖质还原与硝酸盐还原、铁锰还原、硫酸盐还原、产甲烷作用同时存在，并存在竞争关系。随着氧化还原体系的不同，这几种微生物的呼吸代谢途径在有机物生物降解中的贡献也不尽相同。Cervantes 等的研究表明，当在沉积物样品中添加乙酸或丙酸作为电子供体时，微生物代谢以反硝化作用和硫酸盐还原为主，而添加乳酸作为电子供体时，腐殖质呼吸作用、硫酸盐还原以及反硝化作用的贡献相当；在厌氧污泥中添加乙酸或乳酸作为电子供体时，微生物代谢以腐殖质呼吸和反硝化作用为主；当丙酸作为电子供体时，则以反硝化作用和硫酸盐还原为主。

4. 腐殖质呼吸作用的生态学意义

微生物腐殖质呼吸作为新的呼吸代谢模式，是厌氧环境中一种重要的电子转移途径，具有重要的生态学意义。它不仅影响环境物质 C、N 的生物地球化学循环，而且呼吸过程中产生的还原态腐殖质还能偶联多种有机物和氧化态金属的还原，从而影响 Fe、Mn 以及其他一些痕量金属元素的生物地球化学循环，促进有机污染物的降解脱毒等。具体表现为：

（1）腐殖质呼吸影响碳、氮循环。腐殖质呼吸作用对有机碳的矿化过程具有促进作用，HS 本身不易被微生物分解，矿化率很低，但它能促进其他有机质的矿化。据报道，在某些淹水土壤与淡水沉积物中，腐殖质呼吸直接导致了 80% 以上的有机碳矿化，其贡献超过硝酸盐呼吸、硫酸盐呼吸、产甲烷作用等其他厌氧代谢方式的总和。腐殖质菌利用土壤、水体沉积物中的活性有机碳（如糖、醇、短链脂肪酸、小分子有机酸等）作为电子供体，使其氧化分解，生成 CO_2 或者小分子有机物，从而对碳循环产生影响。Bradley 等研究了微生物以 HA 作为电子受体，对 1, 2-二氯乙烯（DCE）和氯乙烯（VC）的厌氧氧化作用，实验中用 ^{14}C 标记方法，监测 DCE 和 VC 中 C 的去向，结果显示体系中不断有 CO_2 产生，表明通过腐殖质呼吸作用，DCE 和 VC 能完全氧化生成 CO_2。随后，甲苯、甲酸、乙酸和乳酸等也证明可以作为电子供体被腐殖质呼吸利用，最终降解转化为 CO_2。表 1.6 列举了以 AQDS 为电子受体的降解反应。

表 1.6　腐殖质呼吸过程中电子供体降解反应

电子供体	降解反应
乙酸	$CH_3COOH+4H_2O+4AQDS \longrightarrow 4AH_2QDS+2HCO_3^-+2H^+$
乳酸	$C_3H_6O_3+2H_2O+2AQDS \longrightarrow CH_3COOH+2AH_2QDS+HCO_3^-+H^+$
甲苯	$C_7H_8+21H_2O+18AQDS \longrightarrow 18AH_2QDS+7HCO_3^-+7H^+$

微生物还可利用腐殖质呼吸产生的还原态腐殖质作为电子供体，进行生物脱氮与反硝化作用，从而对土壤和沉积物中的氮循环产生影响。异化金属还原地杆菌（*G. metallireducens*）以及两种硝酸盐还原细菌 *Geothrix fermentans* 和 *Wolinella succinogenes* 在厌氧条件下能利用腐殖质呼吸产生的还原态腐殖质 AHQDS 为电子供体，还原硝酸盐，反应式为：$NO_3^-+2H^++4AH_2QDS \longrightarrow 4AQDS+3H_2O+NH_4^+$。脱氮细菌 *Paracoccus denitrificans* 和 *Pseudomonas denitrificans* 也能将腐殖质呼吸作用产生的 AHQDS 氧化，还原硝酸盐，生成 N_2，反应式为：$2NO_3^-+2H^++5AH_2QDS \longrightarrow 5AQDS+6H_2O+N_2$。

（2）腐殖质呼吸对铁呼吸和金属还原的促进作用。利用腐殖质呼吸作用还原高价态金属，在 Fe、Cr、Hg 等元素的地球循环过程中有重要意义。腐殖质和 Fe（Ⅲ）都是土壤和沉积物中大量存在的物质，Fe（Ⅲ）尽管丰度很高，但多以难溶性铁氧化物形式存在，细菌生物氧化产生的电子传递到铁氧化物表面的过程往往受到限制，电子传递速率成为铁还原反应的限速步骤。溶解性腐殖质能通过电子穿梭机制加速 Fe（Ⅲ）还原[16]，其介导的金属氧化物的还原如图 1.10 所示，具体过程为：腐殖质还原菌氧化电子供体，将电子传递给腐殖质中的醌基，醌基被还原成半醌或氢醌，氢醌再将电子传递给金属氧化物或可还原有机污染物，同时还原态的腐殖质又转化为氧化态形式，继而又可以接受电子被微生物还原，如此循环往复，即使低浓度的腐殖质也可以发挥重要的作用。除了电子穿梭机制，腐殖质还可以通过络合机制来促进 Fe（Ⅲ）微生物还原。在络合机制中，腐殖质和 Fe（Ⅲ）或 Fe（Ⅱ）形成相应的络合物。Fe（Ⅲ）-HS 络合物有利于 Fe（Ⅲ）到达微生物表面，提高底物的生物利用性；而 Fe（Ⅱ）-HS 络合物可以降低矿物表面的 Fe（Ⅱ）浓度，为 Fe（Ⅲ）提供更多的还原位点；此外，Fe（Ⅱ）-HS 络合物也有利于降低游离 Fe（Ⅱ）的浓度，增加 Fe（Ⅲ）还原的热力学驱动力。

图 1.10 腐殖质呼吸介导的 Fe（Ⅲ），Mn（Ⅳ）和有机物还原机制

腐殖质呼吸对重金属离子的还原转化也具有促进作用。通过腐败希瓦氏菌（*S. putrefaciens* CN32）对 Cr（Ⅵ）还原的研究，发现加入少量腐殖质的体系，Cr（Ⅵ）的还原速率明显加强，其还原速率是未加腐殖质体系的 5 倍。Gu 等研究了腐殖质对微生物还原铀的影响，结果发现 HS 不仅能将 U（Ⅵ）的微生物还原速率提高近 10 倍，而且明显降低了 Ca 和 Ni 对铀还原的抑制作用。反应中，腐殖质可能作为电子穿梭体促进微生物和铀之间的电子转移速率；或者 HS 与铀形成配合物，增加铀的溶解性，从而提高铀的微生物可利用性。

（3）腐殖质呼吸促进有机污染物脱毒。腐殖质可以作为电子穿梭体，介导微生物与有机污染物之间的电子传递，从而促进有机污染物（含硝基芳香族化合物、多卤代污染物及各种偶氮染料等）的微生物还原转化。Zee 等研究表明，在用UASB（升流式厌氧污泥床反应器）处理偶氮染料废水的过程中加入少量 AQDS，可以明显加速偶氮染料 RR2 的偶氮键的断裂，0.24mmol/L 的 AQDS 就可使脱色率增加 6 倍。AQDS 也能促进希瓦氏菌 *Shewanella cinica* D14 对偶氮染料苋菜红的还原脱色。AQDS 和腐殖酸作为电子穿梭体，还能促进厌氧菌 *Clostridium* sp. EDB2降解三硝基苯甲硝胺（RDX）。此外，有研究表明腐殖酸能明显缩短微生物降解多环芳烃（PAHs）的延滞期，从而加快 *Mycobacterium* sp. JLS 对 PAHs 的降解速率。

1.3.4　介体介导微生物胞外呼吸机制与优势

关于生物介体的研究已成为研究者关注的热点领域之一，一方面介体在生物胞内的生理代谢过程中起着重要的纽带作用，连接各类生物氧化还原反应及其与呼吸链之间的密切关系；另一方面，介体拓展了细胞代谢功能，关联着生物体的胞内及胞外电子传递过程（介体的相关概念和具体理论详见第 2 章）。生物体系所发生的许多新陈代谢过程，其本质都是化学反应，涉及电子、氢质子、能量和其他相关元素的流。相对于传统呼吸而言，胞外呼吸作为一种新型呼吸作用，是近些年发现的微生物新型能量代谢方式，而介体介导的微生物胞外呼吸机制也为丰富胞外电子传递理论和促进胞外呼吸应用奠定了十分重要的理论基础。

首先，氧化还原介体介导的胞外呼吸是微生物胞外电子传递过程的重要途径之一。如前文所述的产电呼吸、铁呼吸和腐殖质呼吸过程中均涉及介体介导的胞外电子传递过程。一部分微生物能够自身分泌一些物质作为内源介体，另一部分微生物能够利用天然存在或人工合成的某些物质作为外源介体，并将其携带的电子传递至胞外电子受体。氧化还原介体介导的微生物呼吸过程直接影响污染物转化及微生物产电等过程，因此在污染修复及生物能源等方面有重要的应用前景。

其次，Brutinel 等提出了 *Shewanella* 菌分泌黄素类物质作为氧化还原介体介导胞外电子传递的可能机制，即产生的 FAD 跨过内膜进入周质，一方面可与周质蛋白FccA结合为辅助因子参与其他生理活动，另一方面能水解为FMN和AMP。FMN 透过外膜直接脱磷酸为 RF（riboflavin），或 FMN 从多血红素细胞色素 MtrC 处得到电子被还原为 FMN_{red}，而后 FMN_{red} 通过扩散将电子传递至胞外电子受体，而自身又变成 FMN_{ox}，不断循环往复。FMN 和 RF 则能够作为氧化还原介体，加速铁氧化物的微生物还原过程。尽管内源介体的分泌需要消耗微生物一部分能量，但介体能够多次反复利用，因此对于以胞外电子受体进行呼吸代谢的微生物来说，氧化还原介体的产生和分泌是一种生长优势。

此外，氧化还原介体具有反复接受和给出电子的能力。当胞外电子受体为微生物时，氧化还原介体是微生物种间电子传递的电子载体，实现了多种代谢途径的耦合发生。利用介体可以循环利用的特性，极小的浓度即可对环境中发生的氧化还原过程产生显著影响。如腐殖质这种天然的电子中介体，能有效地加速电子在微生物和电子受体之间的传递，使反应速率增大一到几个数量级。相比于需要通过微生物功能蛋白与胞外电子受体接触才能发生的直接电子传递，间接电子传递有效提高了微生物胞外电子传递效率，对特定环境下终端电子受体的循环有着极其重要的作用。

参考文献

[1] 唐朱睿，黄彩红，高如泰，等. 胞外呼吸菌在污染物迁移与转化过程中的应用进展，农业资源与环境学报. 2017，34（4）：299-308.

[2] 马晨，周顺桂，庄莉，等. 微生物胞外呼吸电子传递机制研究进展. 生态学报，2011，31（7）：2008-2018.

[3] Inoue K，Qian X，Morgado L，et al. Purification and characterization of OmcZ，an outer-surface，octaheme c-type cytochrome essential for optimal current production by *Geobacter sulfurreducens*. Applied & Environmental Microbiology，2010，76（12）：3999-4007.

[4] Reguera G，Mccarthy K D，Mehta T，et al. Extracellular electron transfer via microbial

nanowires. Nature，2005，435，1098-1101.

［5］ Harris H W，El-Naggar M Y，Bretschger O，et al. Electrokinesis is a microbial behavior that requires extracellular electron transport. Proceedings of the National Academy of Sciences of the United States of America，2010，107（1）：326-331.

［6］ Bretschger O，Obraztsova A，Sturm C A，et al. Current production and metal oxide reduction by *Shewanella oneidensis* MR-1 wild type and mutants. Applied & Environmental Microbiology，2007，73（21）：7003-7012.

［7］ Sieber J R，Mcinerney M J，Gunsalus R P. Genomic insights into syntrophy：The paradigm for anaerobic metabolic cooperation. Annual Review of Microbiology，2012，66（1）：429.

［8］ Nagarajan H，Embree M，Rotaru A E，et al. Characterization and modelling of interspecies electron transfer mechanisms and microbial community dynamics of a syntrophic association. Nature Communications，2013，4（7）：2809.

［9］ Logan B E. Exoelectrogenic bacteria that power microbial fuel cells. Nature Reviews Microbiology，2009，7（5）：375-381.

［10］ Yang Y，Xuabc M，Sun G. Bacterial extracellular electron transfer in bioelectrochemical systems. Process Biochemistry，2012，47（12）：1707-1714.

［11］ Kadier A，Simayi Y，Kalil M S，et al. A review of the substrates used in microbial electrolysis cells（MECs）for producing sustainable and clean hydrogen gas. Renewable Energy，2014，71（11）：466-472.

［12］ Liu H，Hu H，Chignell J，et al. Microbial electrolysis：Novel technology for hydrogen production from biomass. Biofuels，2010，1（1）：129-142.

［13］ Kalathil S，Khan M M，Lee J，et al. Production of bioelectricity，bio-hydrogen，high value chemicals and bioinspired nanomaterials by electrochemically active biofilms. Biotechnology Advances，2013，31（6）：915-924.

［14］ Yang H J，Zhou M H，Liu M M，et al. Microbial fuel cells for biosensor applications. Biotechnology Letters，2015，37（12）：2357-2364.

［15］ Lovley D R，Kashefi K，Vargas M，et al. Reduction of humic substances and Fe（Ⅲ）by hyperthermophilic microorganisms. Chemical Geology，2015，169（3）：289-298.

［16］ Rabaey K. 生物电化学系统：从胞外电子传递到生物技术应用. 王爱杰译. 北京：科学出版社，2012.

第 2 章　介体催化理论

经济快速增长、资源能源消耗大幅度增加的情况下，环境污染已成为突出的问题，生物法被认为是最经济有效的技术之一。传统好氧生物处理无法有效降解此类难降解污染物，而厌氧生物降解速率慢，是难降解污染物生物降解的瓶颈，其高效生物降解研究已成为水污染控制工程及环境水化学、水环境微生物学研究的重点和难点之一。

最近氧化还原介体催化强化难降解污染物的化学和生物转化的研究，为难降解污染物高效生物降解提供了新的思路。介体催化厌氧生物净化技术是国际环境领域最近 30 年快速发展起来的新的研究热点和焦点。介体可强化多种污染的生物转化和降解，研究证明介体可催化偶氮染料[1, 2]，硝酸盐/亚硝酸盐[3, 4]，苯酚[5]和二硝基甲苯[6]，硝基芳香胺[7]，重金属 $Cr(VI)$[8]和 $U(VI)$[9]、$Se(VI)$、$Te(VII)$[10]和 $As(V)$[11]等污染物的厌氧生物转化。介体能降低反应的活化能，加速电子转移反应的电子传递速率，使污染物还原/氧化速率提高一到几个数量级，促进目标污染物的生物转化和降解[12]。本章将对氧化还原介体生物催化理论进行介绍。

2.1　介体的概念与发展

2.1.1　介体概念与特点

氧化还原介体（redox mediators），即电子穿梭体（electron shuttles），是能够被可逆地氧化和还原，并能加速电子在电子供体与电子受体间传递的物质。其特点如下：①具有电子载体的功能；②通过降低反应的活化能而加速反应，即具有催化特性；③介体的氧化还原电位介于电子供体氧化与末端电子受体还原两个半反应之间；④可改变生物的能量代谢，从而影响其生长和代谢特性。

2.1.2 介体的发展历程

氧化还原介体的概念由来已久。早在 1931 年 Cohen 在一项细菌产电的研究中，证明电活性有机物苯醌和电活性无机物氰铁酸盐，可增强体系的电流。1967年，Roxon 报道了醌类辅酶对偶氮染料生物还原的促进作用。1981 年，Brown 报道了氧化还原介体具有还原硝基苯的能力。1992 年，Peijnenburg 研究表明多种卤代烃的还原率随着沉积物中天然有机物（腐殖质）的含量增加而提高，这与天然有机物中的氧化还原活性基团催化作用有关。从此，腐殖质作为氧化还原介体开始受到关注。1989 年 Macalady 报道了体系中加入氧化还原介体可以强化硝基芳烃的还原，1994 年 Curtis 和 Reinhard 证明了氧化还原介体对卤代污染物还原的影响。这是介体的初步探索阶段。

1996 年，Lovely 等在 *Nature* 发表论文 *Humic substances as electron acceptors for microbial respiration*，发现投加某些氧化还原介体（如腐殖酸、醌类化合物等）可以降低反应活化能，从而使难降解污染物的厌氧还原速率提高一到几个数量级。氧化还原介体在污水处理和地下水生物修复中的应用逐渐受到关注。2001 年，Cervantes 和 Van der Zee 在 UASB 反应器中研究介体对偶氮染料的生物脱色性能的影响。关于介体强化难降解污染物转化的基础和应用研究越来越广泛，自此，开启了介体调控污染物生物转化的研究阶段。

2003 年 Van der Zee 课题组首次报道了活性炭作为介体加速偶氮染料生物脱色的研究。微生物可以将电子从基质的乳酸，转移给活性炭表面的醌基团，醌可以进一步将电子转移给酸性橙染料，进而催化了活性橙染料的生物还原。2007 年郭建博首次提出了固定化的氧化还原介体的概念，研发了介体在多种载体材料上的固定化，如高分子材料、金属纳米粒子、碳材料等功能材料，并对其催化机理、性能优化和反应器中的应用进行了深入的研究。开启了非水溶性介体/固定化的介体研发阶段。非水溶性介体可以避免介体随水流失造成的二次污染和连续投加的经济成本问题，为介体的工业化应用奠定了基础。

介体的理论和技术的研究作为一个新兴的研究方向，需要借助化学、生物、生物化学、环境工程等多学科的理论知识对其进行补充和完善，本书的第三篇，将会对介体新理论和技术的发展提出展望。

2.2 介体体系

近几十年来，氧化还原介体的研究非常广泛，本节主要依据介体适用的微生物体系，将介体体系分为好氧微生物介体系统和厌氧微生物介体系统。它们对应的介体的种类、性质和催化机理都不尽相同。好氧微生物介体系统，以漆酶-介体系统为代表。厌氧微生物介体系统，主要以醌类化合物和腐殖质等为典型代表。

2.2.1 好氧微生物介体系统

好氧微生物介体系统研究最为广泛的是漆酶-介体系统（laccase-mediator system，LMS）。漆酶（laccase）是一类含 4 个铜离子的多酚氧化酶，可以催化空气中的氧气，直接氧化分解各种酚类染料、氯酚、硫酚、双酚 A、芳香胺等[13]。因其催化氧化反应只需空气中的氧气，副产物只有水，因此被称为"绿色催化剂"。但由于漆酶的氧化还原电势较低（0.5～0.8V），仅能直接氧化具有低氧化还原电势的酚型木素结构单元。说明单一的酶不能模仿完整的木质素生物降解系统[14]。1990 年 Bour 等首次报道漆酶在传递电子的介体协助下能够氧化非酚型的木素结构单元。这些介体是一些低氧化还原电势的化合物，在漆酶生物漂白中作为电子传递的载体。1994 年德国学者 H. P. Call 为其漆酶-介体系统申请了专利注册。目前，漆酶-介体系统在降解木质素和纸浆的生物漂白方面已进行了较深入的研究。

1. LMS 常用介体

在漆酶-介体系统生物漂白中，介体作为生物反应的电子载体，它的存在是漆酶氧化非酚型木素结构单元的必要条件，因为小分子介体的存在克服了漆酶应用于漂白所具有的低氧化还原电势和蛋白质大分子降解木素所形成较大空间位阻的障碍。

目前，在 LMS 中常用介体可分为 3 类。

1）合成介体

在 LMS 中，常用的合成介体主要有：2,2-联氨-双（3-乙基-苯并噻唑-6-磺酸）

[2, 2′-azinobis（3-ethylbenzothizazoline-6-sulfonic acid），ABTS]、紫脲酸（violuric acid，VIO）、1-羟基苯并三唑（1-hydroxybenzotriazole，HBT）、2, 2′, 6, 6′-四甲基哌啶氧化物（2, 2′, 6, 6′-tetramethylpiperidin-1-oxy，TEMPO）、吩噻嗪（thiodipheny lamine，PT）、盐酸异丙嗪（promethazine hydrochloride，PTC）、N-羟基-N-乙酰基苯胺（N-hydroxyacetanilide，NHA）、2-亚硝基-1-萘酚-4 磺酸（HNNS）、1-亚硝基-2-萘酚-3, 6-二磺酸、TritonX-100、10-（3-二甲氨基丙基）（pramazine）以及多种 NHA 衍生物等。结构式如图 2.1 所示。

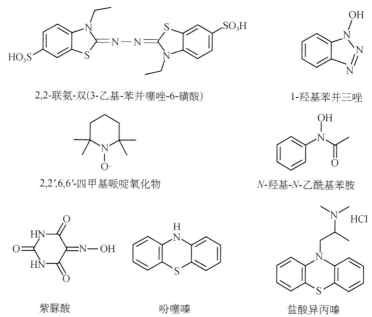

图 2.1　漆酶-介体系统中常用的合成介体

2）天然介体

在 LMS 中，常用的天然介体主要有：丁香醛（syringaldehyde，SA）、乙酰丁香酮（acetosyringone，AS）、乙酰香草酮（acetovanillone）、对香豆酸（p-coumaric acid，p-PCA）、香草醛（vanillin）、芥子酸（sinapic acid）和阿魏酸（ferulic acid）等。结构式如图 2.2 所示。

3）其他类介体

在 LMS 体系中，除了上述常见的合成介体和天然介体，还有一些其他类的介体也展现出优良的性能。如多金属氧酸盐（polyoxometalates，POM）。POM 是一种具有氧化还原和催化功能的双功能催化剂，它具有结构稳定，再生速度快，催化活性高，不易腐蚀仪器设备，来源广等优点。研究表明，POM 作为漆酶介体能辅助降解木质素，也能促进染料脱色。

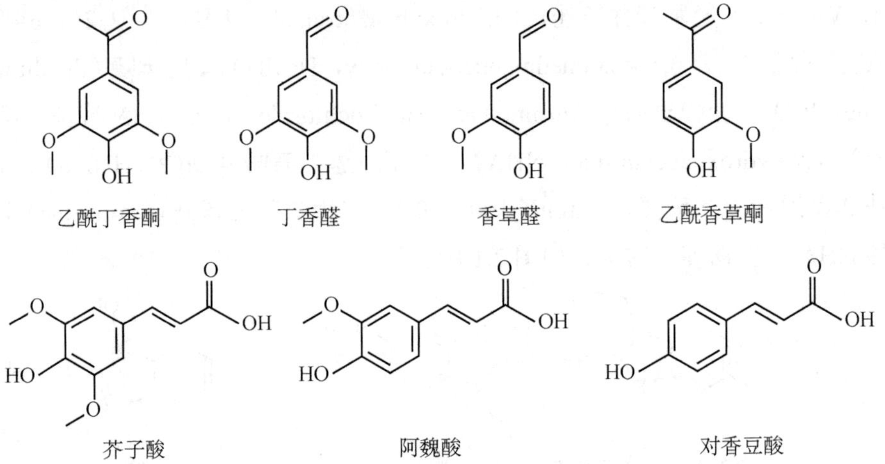

图 2.2 漆酶-介体系统中常用的天然介体

| 乙酰丁香酮 | 丁香醛 | 香草醛 | 乙酰香草酮 |

| 芥子酸 | 阿魏酸 | 对香豆酸 |

2. LMS 作用机制

漆酶-介体系统催化机理见图 2.3。在氧气存在下，木质素被漆酶氧化成活性高且具有一定稳定性的中间体，这些活性中间体能从氧分子中获得电子，并把电子传递给木质素分子，从而使木质素氧化降解，氧被还原成水。已有研究结果认为，有效的介体是一些带有 N—OH 基团的 N-杂环物，如 1-羟基苯并三唑（HBT）等。N—OH 基团是介体的关键组成部分。

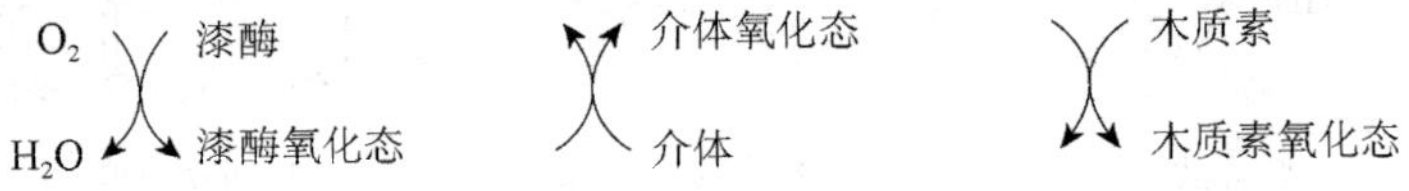

O_2 漆酶 介体氧化态 木质素
H_2O 漆酶氧化态 介体 木质素氧化态

图 2.3 漆酶-介体系统催化机理

在 LMS 中，介体参与反应机制分为 3 类：电子转移机制（electron transfer），如 ABTS 参与的反应；氢原子转移机制（hydrogen atom transfer），如 HBT、VIO、NHA 等介体参与的反应；化学离子机制（ionic mechanism type），如 TEMPO 参与的反应。

1）电子转移机制

漆酶-ABTS 系统氧化 ABTS 经历 2 个阶段，首先，经漆酶氧化失去一个电子，ABTS 形成 $ABTS^+$，随后 $ABTS^+$ 再缓慢氧化成 $ABTS^{2+}$。其反应式可简单表示为：

$$ABTS \underset{+e}{\overset{-e}{\rightleftharpoons}} ABTS^+ \underset{+e}{\overset{-e}{\rightleftharpoons}} ABTS^{2+} \qquad (2.1)$$

循环伏安法研究证明，ABTS 的氧化状态是稳定且可逆；以 Ag/AgCl 电极作参照，其中 ABTS/ABTS$^+$ 的氧化还原电势为 0.472V，ABTS^{+}/ABTS^{2+} 的氧化还原电势为 0.885V。由于漆酶本身的氧化还原电势低，不能氧化一些高氧化还原电势的物质，故这些高氧化还原电势的 ABTS 阳离子（主要是 ABTS^{2+}）能作用于不能被漆酶直接氧化的非酚类木质素结构单元。

2）氢原子转移机制

氢原子转移机制一般是 N—OH 型介体介导的氧化机制，是利用一种硝酰基（—N—O）形式实现氧化。如在氧化烷基芳烃类底物时，能够从底物中得到氢原子，并转移到苯甲基保护基团中，随后苯甲基保护基团在氧的相互作用下转化成氧化型产物。另外，氢原子转移机制要求底物的 C—H 键能相对较弱；电子转移机制要求底物有一个低的氧化还原电势。但无论是电子转移机制，还是氢原子转移机制，对碳氢化合物 C—H 键的氧化都是最为关键的步骤，它能决定原始化合物是否能转变成正确的中间化合物。

3）化学离子机制

介体 TEMPO 参与漆酶-介体反应机制也略有不同，因为在漆酶氧化过程中，TEMPO 的硝酰基（—N—O）形成氧代氨离子（—N=O），这一过程主要发生在具有较高氧化还原电势的真菌漆酶中。TEMPO 被漆酶氧化后，形成氧代铵盐基阳离子[图 2.4（b）]，随后，通过异裂反应途径氧化醇类底物形成羰基产物或者羟胺[图 2.4（c）]。这些产物可被氧再氧化形成 TEMPO[图 2.4（a）]。在该催化氧化循环反应体系中，氧代铵盐基阳离子的形成是最核心的内容，相对于真菌漆酶 T1 型铜离子的氧化还原电势为 0.8V，植物漆酶却只有 0.3～0.5V，所以真菌漆酶能够实现 TEMPO 的氧化，植物漆酶则不能。TEMPO 参与 LMS 氧化机制如图 2.4。

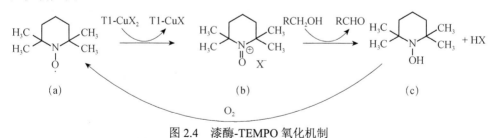

图 2.4　漆酶-TEMPO 氧化机制

T1：漆酶 T1 型铜离子位点

2.2.2　厌氧微生物介体系统

对于很多难降解有机物，如偶氮类化合物、卤代物、硝基化合物等，由于含有强拉电子基团，其电负性很强，传统的好氧工艺难以对其进行降解。只有经过厌氧阶段的生物还原，才能发生后续的彻底生物氧化反应。例如，偶氮类化合物只有在厌氧条件下发生偶氮键的断裂生成芳香胺才能被微生物氧化，卤代化合物也只有经过厌氧生物脱卤才能发生生物氧化作用。

在厌氧条件下，由于电子传递效率低，而导致微生物对污染物的厌氧转化速率小，是难降解污染物生物降解的瓶颈。氧化还原介体可加速电子的传递效率，催化强化难降解污染物生物转化。研究表明，介体能降低反应的活化能，加速电子转移反应的电子传递速率，使污染物还原/氧化速率提高一到几个数量级，促进目标污染物的生物转化和降解。本书的后续章节主要关注于厌氧条件下，生物介体的催化理论和技术研究。

2.3 介 体 分 类

介体可按不同的依据进行分类，①按介体的化学结构，介体可分为醌类、黄素类、吩嗪类、紫罗碱类、卟啉类以及蒽杂环类等；②按介体的来源，介体分为天然介体和合成介体；③按介体的水溶性，介体分为水溶性介体和非水溶性介体；④按介体的作用位点，介体分为胞内介体和胞外介体；⑤按介体的生物特性，介体分为内源性介体和外源性介体。介体的其他分类方法不再列举。

2.3.1 按化学结构分类

介体的化学结构决定介体性质，包括氧化还原可逆性、电子传导性、溶解性、跨膜运输能力、催化机理等，而这些性质将会直接或间接影响到介体的强化污染物生物转化的特性。依据化学结构，常见的介体可以分为：醌类介体、黄素类介体、吩嗪类介体、紫罗碱类介体、卟啉类介体以及蒽杂环类介体等。

1. 醌类介体

醌（quinone）是一类含有共轭环己二烯酮结构的化合物，最简单的是苯醌（benzoquinone）。X 射线衍射测试出对苯醌的碳碳键长是不均等的，说明对苯醌是一个环烯酮，相当于 α, β-不饱和酮，因此苯醌不属于芳香化合物。取决于体系的氧化还原电位，以对苯醌为例（图 2.5），可被彻底地还原为对苯二酚的结构（QH_2），也可以被彻底氧化为对苯醌的结构（Q），或者以中间态对半醌自由基

（QH·）存在。醌的还原态和中间态含有两个或者一个酚基结构，由于氧原子上孤对电子与苯环的 p-π 共轭体系增强了羟基氢原子的解离能力，这使得苯酚的酚羟基具有较强的酸性。在碱性溶液中，醌的还原态和中间态的羟基可以失去氢质子形成 QH^-、Q^{2-} 和 Q 的形态。

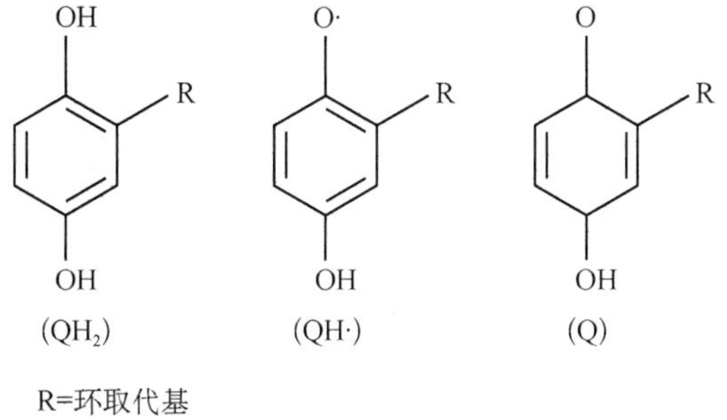

R=环取代基

图 2.5　对苯醌的还原态（QH₂）、中间态（QH·）和氧化态（Q）的结构式

醌类介体是研究最为广泛的一类介体之一。研究者通过电子顺磁共振和核磁共振证明：腐殖质中有含醌基和酚基是腐殖质作为电子穿梭体介导微生物对多种物质生物转化的关键所在。正因为如此，蒽醌-2,6-二磺酸（AQDS）等许多醌类化合物往往被作为腐殖质的类似物或替代物，用于介导微生物对污染物的生物转化。近 30 年来，研究者发现醌类介体可介导多种污染物的生物转化（图 2.6），如难降解有机物、重金属、硝酸盐等。

2. 吩嗪类介体

吩嗪，又名夹二氮杂蒽。中性红和核黄素是吩嗪类研究最多的两种介体，其结构式如图 2.7（a）所示。中性红是微生物燃料电池、生物传感器常用的高效电子介体。

核黄素（riboflavin），又称维生素 B_2。核黄素作为一种氧化还原介体，是许多不同的氧化还原酶的辅酶，对微生物具有刺激作用，作为内源性电子穿梭体，具有电子载体的功能。在细胞内，分别是以黄素腺嘌呤二核苷酸（FAD）和黄素单核苷酸（FMN）两种形式参与氧化还原反应，起到递氢的作用。它可以高速通过细胞膜，加速电子从电子供体向电子受体的传递，在体系中不断地被还原和氧化，从而促进污染物的厌氧生物转化甚至矿化。有研究表明，菌株 XB 在有碳源的条件下培养，细胞能够分泌核黄素，它可作为介体加速电子向偶氮染料的传递，从而强化偶氮染料的生物脱色。图 2.7（b）所示为核黄素的氧化还原状态。异咯嗪 1,5 位 N 上存在活泼共轭双键，当它接受氢原子和电子时可以交替地进行氧化和还原[图 2.7（b）]。研究表明黄素类介体可以催化多种污染物的生物转化。

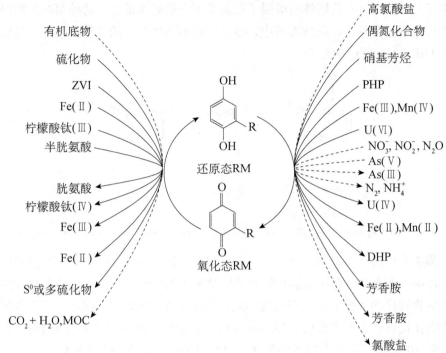

图 2.6　醌介体催化污染物生物转化机理

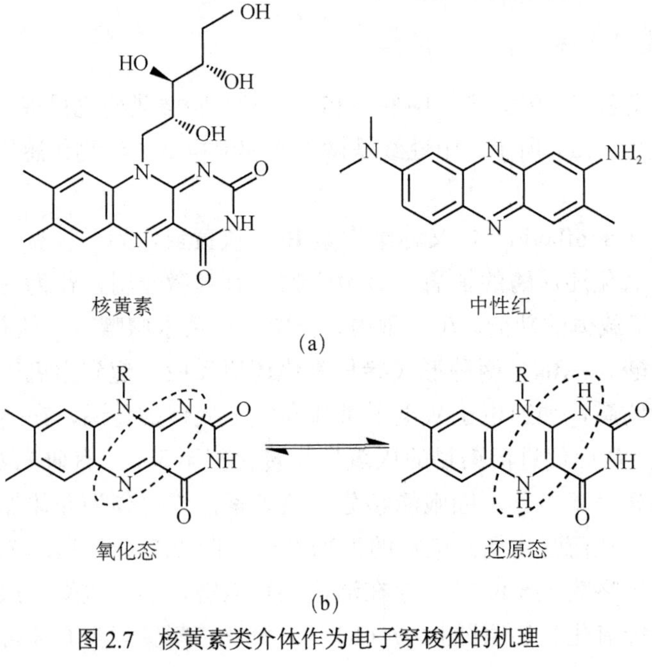

核黄素

中性红

(a)

氧化态

还原态

(b)

图 2.7　核黄素类介体作为电子穿梭体的机理

3. 紫罗碱类介体

紫罗碱类介体常用的是甲基紫精(methyl viologen)和苯基紫精(benzyl viologen),其结构式如图 2.8 所示。甲基紫精的氧化还原电势 $E_0'=-440\text{mV}$,是报道的调控偶氮染料生物还原的介体中氧化还原电势最低的介体。Aulenta 等研究表明甲基紫精可以催化三氯乙烯的脱氯反应。苯基紫精 $E_0=-360\text{mV}$,可以催化多种偶氮染料的生物脱色,如酸性黄 23、酸性红 27 等。

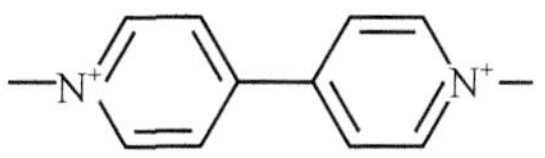

甲基紫精

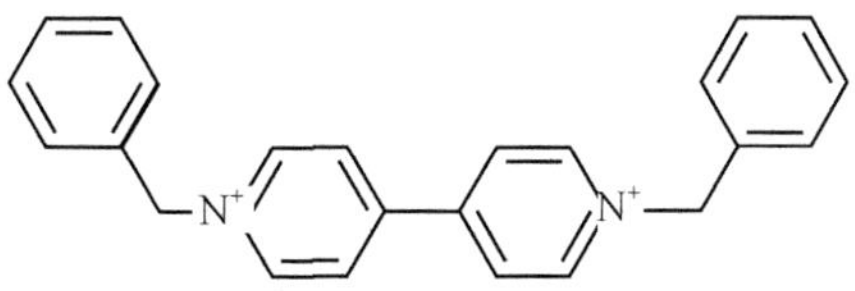

苯基紫精

图 2.8　甲基紫精和苯基紫精的化学结构式

4. 卟啉类介体

卟啉(porphyrins)是一类由四个吡咯类亚基的 α-碳原子通过次甲基桥(＝CH—)互联而形成的大分子杂环化合物。卟啉环有 26 个 π 电子,是一个高度共轭的体系。卟啉是生命体内重要的化学结构,其中,铁卟啉(ferri tetraphenylporphyrin tetracarboxylic acid hydrate)是细胞色素的活性结构,维生素 B_{12} 中含有钴卟啉[cobalt(Ⅱ)meso-tetraphenylporphine]的官能团,镁卟啉是叶绿素的中心结构。研究发现,卟啉类和金属卟啉化合物可以作为电子穿梭体强化污染物的生物转化。图 2.9 列出了常见卟啉介体的结构。

5. 蒽杂环类介体

研究表明,一些含氮原子和其他杂原子(如氧原子和硫原子)的蒽杂环化合物也可以作为介体,介导微生物对污染物的生物转化作用。现研究比较多的有:刃天青(resazurin)、硫堇(thionine)、甲基蓝(methylene blue),结构式如图 2.10(a)所示。蒽杂环类介体分子的蒽环中间的氮原子可以接受氢原子和电子,交替地进行氧化和还原。除了蒽环中间的氮原子,取代基上的杂原子,对于氢原子和电子的传递也起了重要的作用。以甲基蓝为例,蒽杂环类介体的氧化还原结构的转化如图 2.10(b)所示。

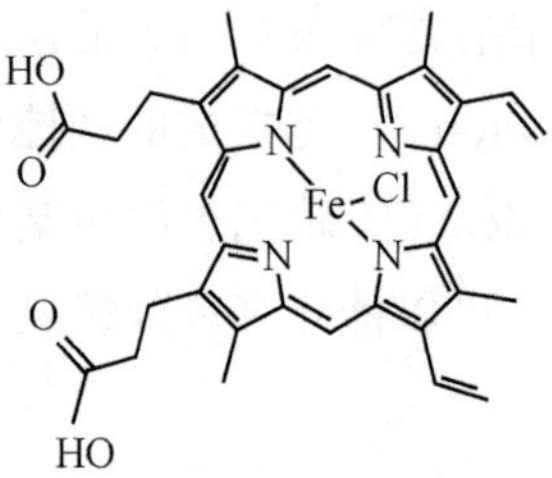

血红素 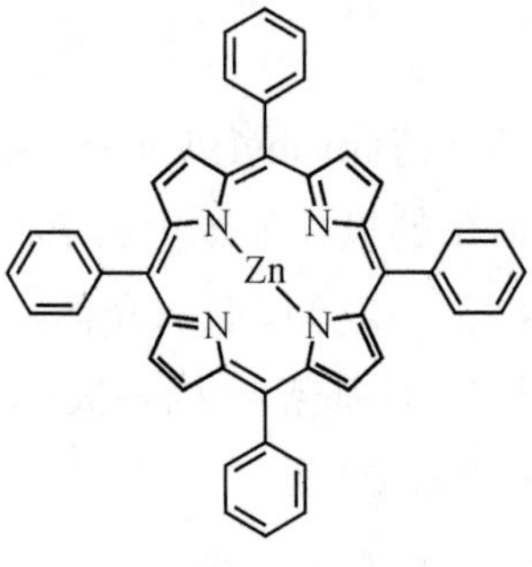　　　　　　　　锌卟啉 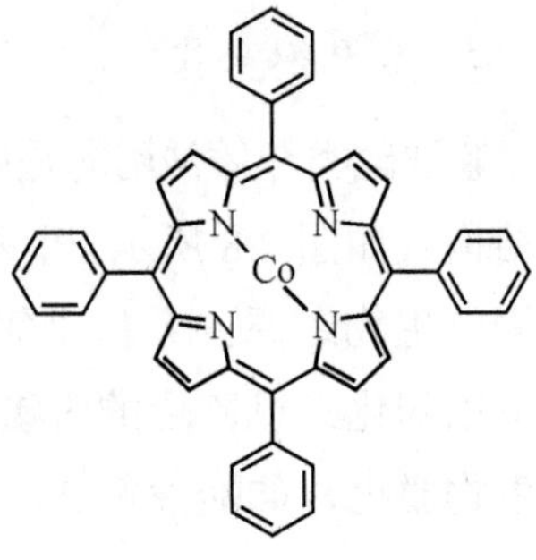　　　　　　　　钴卟啉

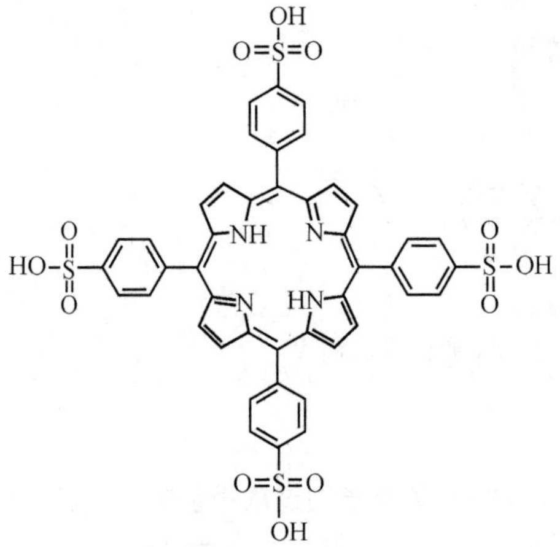

四苯基卟啉四磺酸 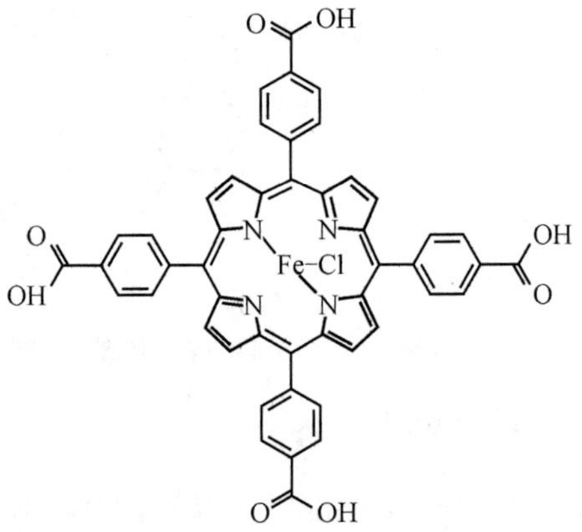　　　　　　　　　　　铁卟啉

图 2.9　常见的卟啉类介体的化学结构式

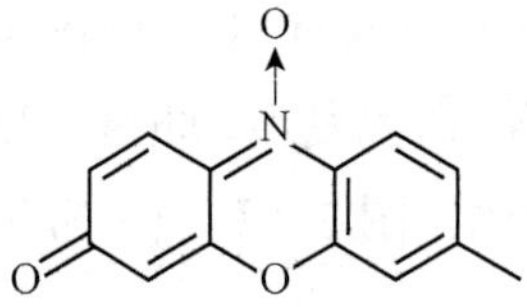

刃天青 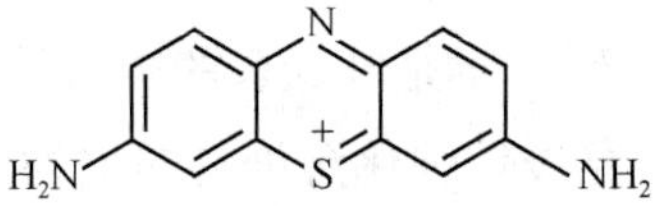　　　　　　　　硫堇 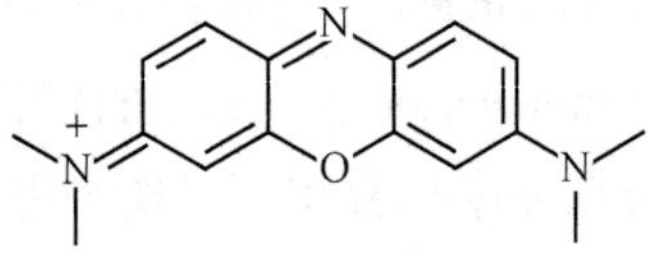　　　　　　　　甲基蓝

（a）

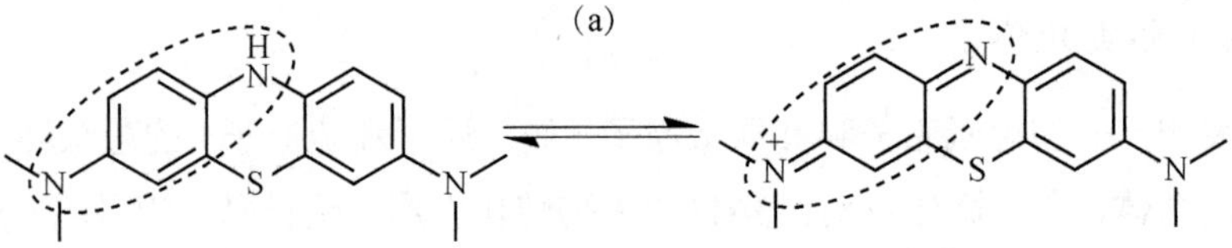

还原态　　　　　　　　　　　　　氧化态

（b）

图 2.10　常见的蒽醌杂环类介体的化学结构以及亚甲基蓝氧化态和还原态结构式的转化

　　具有不同结构的介体，其氧化还原电势、氧化还原可逆性、电子传导性、溶解性、跨膜运输能力等都会表现出一定的差异性。另一方面，这些具有不同化学结构

的介体也必然具有共同的特性，这些特性对于探索和发现更优异催化性能的介体以用于催化污染物的生物降解具有重要的意义。

2.3.2　按来源分类

1. 天然介体

天然介体研究比较多的是腐殖质类和醌类化合物。腐殖质是由生物体在土壤、水和沉积物中转化而成，是有机高分子物质，分子量在 300～30 000 以上。天然腐殖质占土壤有机质的 85%～90%，根据在水中的颜色以及在水和碱液中的溶解度将腐殖质分为 3 种类型，分别为腐殖酸（humic acid，HA）、胡敏素（humins，HM）和富里酸（fulvic acid，FA）。三类物质结构类似，都含有芳香环、脂肪链，以及一些氨基、羟基、醌基的官能团。

（1）腐殖酸。腐殖酸是腐殖质中所占比例最大的部分，只在碱性溶液中溶解。天然腐殖酸按来源主要分为土壤腐殖酸、水体腐殖酸和煤炭腐殖酸三类。土壤腐殖酸形成的原始物质以低等生物、动物残体、草本植物为主，并且有矿物质参与其中，土壤腐殖酸的 50%～55% 是由氨基酸、己糖胺、多环芳烃和含氧官能团构成；水体腐殖酸形成的原始物质中低等生物所占比例较大，因此水体腐殖酸的分子量较小；煤炭腐殖酸形成的原始物质主要是高等植物（以木本为主），动物和矿物质参与较少。目前，煤炭腐殖酸商品化开发提取的原料为泥炭（草炭）、褐煤和风化煤等。腐殖酸上含有大量的羟基、氨基和羧基，而氮原子和氧原子上的孤对电子可以与金属离子的 3d 空轨道形成配位键，形成金属离子-腐殖酸的不溶于水的配合物。Zhang 通过腐殖酸和 $FeSO_4$ 的络合反应，制备非水溶的腐殖酸和 Fe 的络合物（Fe-HA），用于催化微生物对 Fe（Ⅲ）氧化物的还原。Cruz-Zavala 等在 UASB 反应器中，将 Fe-HA 络合物与活性污泥结合，形成颗粒，用于催化碘普罗胺的生物还原脱碘。其脱碘速率与没有加入 Fe-HA 络合物的对照组实验相比可加速 80%。

（2）胡敏素。土壤胡敏素是与黏土矿物质紧密结合的腐殖质，具有酸碱不溶及大分子结构的特性，被认为是土壤中的惰性物质。在土壤腐殖质组分中，胡敏素占有机碳、有机氮的绝大部分，与土壤组分之间的连接主要依靠氢键和共价键。胡敏素的分子量大于腐殖酸分子，含氧功能基主要包括酚羟基、醇羟基和甲氧基等。由于胡敏素的非溶解性和结构的复杂性，目前国内外学者对于胡敏素结构特征的研究还很少。

（3）富里酸。研究发现富里酸分子量较低，既溶于酸又溶于碱，与腐殖酸相比，其分子结构中含有的碳较少，氧较多，且其酸性官能团（—COOH）的含量也高于腐殖酸。此外，富里酸含有的酮羧基和羟基的数量也高于腐殖酸。因此，相比于腐殖酸，其在水溶液中具有较强的酸性。

腐殖酸作为水溶性的氧化还原介体，人们很早就对它进行了广泛深入的研究。而对于胡敏素，由于它不溶于水，最初一直被忽视。2010 年 Rodan 等发现从沉积物中提取的胡敏素可以显著地加速地杆菌（*Geobacter sulfurreducens*）和希瓦氏菌（*Shewanella putrefaciens*）氧化铁（Ⅲ）的生物还原。Zhang 和 Katayama[4]报道了从稻谷提取的胡敏素在五氯苯酚的生物还原过程中既可以作为电子受体又可以作为电子供体。Zhang 报道了从 7 种土壤和 1 种河流沉积物中提取的胡敏素，具有相似的结构和同类型的官能团。对于五氯苯酚的生物还原表现出良好的氧化还原活性（图 2.11）。值得注意的是，如果用水溶性的腐殖酸和 AQDS 替代胡敏素，五氯苯酚的生物还原不能进行，推测在脱氯过程中，可能存在一种与胡敏素还原相关的微生物。胡敏素的催化效能具有较高的稳定性，经过氧化（30% H_2O_2，30min）、酸化（HCl，0.1mol/L，48h）、还原（$NH_2OH \cdot HCl$，0.1 mol/L，48h；$NaBH_4$，0.1mol/L，15h）以及热处理（121℃，30min）后，胡敏素的催化性能都没有受到影响。Zhang 发现四溴双酚 A 的脱溴，在胡敏素存在下，甲酸盐作为电子供体，一种具有脱溴化作用的脱硫杆菌对四溴双酚 A 的厌氧生物还原起主要作用。另外，胡敏素也可作为硝酸盐厌氧生物还原的非水溶性介体，加速生物反硝化的进程。

图 2.11　胡敏素催化五氯苯酚生物脱氯

醌类化合物是天然有机物中重要的氧化还原的活性成分，它们通过植物和微生物的作用进入土壤。研究者通过一系列的测试手段如核磁共振、电子自旋共振和循环伏安法等证实了天然有机物中含有氧化还原活性醌基团。图 2.12 举例说明了一些天然醌类化合物的化学结构。研究表明许多植物会产生醌类化合物，如图 2.12 中由高粱产生的粱醌（sorgoleone），胡桃中的胡桃醌（juglone），以及指甲花植物产生的指甲花醌（lawsone）等。这些天然的介体及其与金属离子的络合物可作为多种污染物的氧化还原催化剂，如硝基化合物、卤代烃、偶氮染料、硝酸盐/亚硝酸盐等。

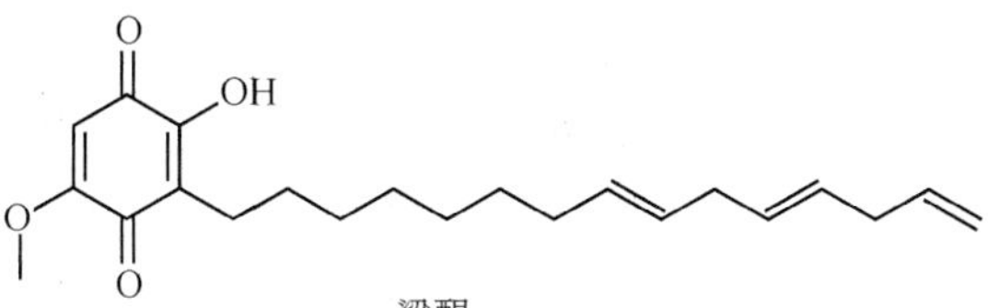

梁醌

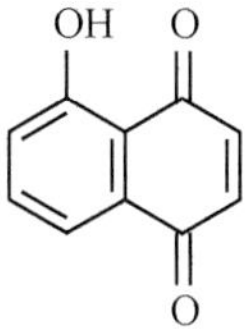

胡桃醌 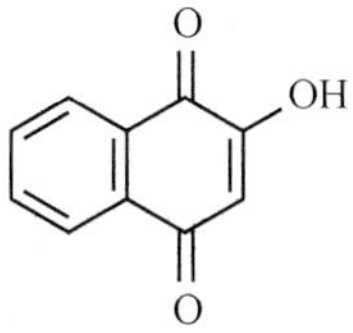　　　　　　指甲花醌 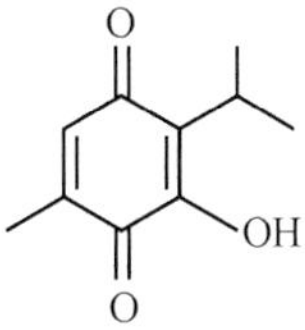　　　　　　3-羟基百里醌

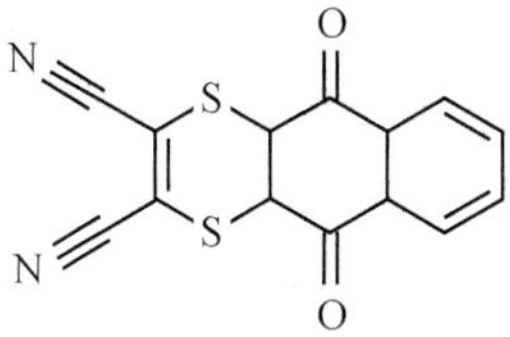

二噻农 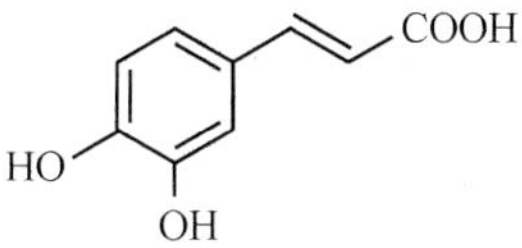　　　　　　　　　　　　咖啡酸

图 2.12　常见天然醌类化合物的结构式

2. 合成介体

现阶段合成的介体化合物主要有醌类（如 AQDS，AQS）、碳材料类（活性炭，碳纤维）、吩嗪类（如中性红）以及卟啉类等。这些合成的氧化还原介体可以对分子结构和透过细胞膜的能力、氧化还原电位等性质进行设计，合成的介体呈现出优于天然来源介体的电子传递能力，实现了优良的催化性能。

2.3.3　按作用位点分类

按介体起作用的位点，可以将介体分为胞外介体和胞内介体。对于非水溶性的介体，如碳材料和固定化的介体，它们不能透过细胞膜，作用于胞外。而对于水溶性的小分子介体，可以透过细胞膜，所以其作用的位点，除了细胞外，也可以在细胞内。

1. 胞内介体

介体加速污染物生物转化的机理之一是参与了污染物生物转化的电子传递。传统的电子传递是将来自还原型辅酶 NADH（或 FADH$_2$）的电子通过电子传递链传递给电子受体。电子传递链就是由复合物 I（NADH-CoQ 氧化还原酶）、复合物 II（琥珀酸-CoQ 氧化还原酶）、复合物 III（CoQ-细胞色素 c 氧化还原酶）、复合物 IV（细胞色素 c 氧化酶）组成的。而研究表明，许多醌类化合物（如 AQS，

AQDS）可以充当微生物电子传递链中辅酶 Q 的角色，通过抑制剂阻断电子传递链，发现在介体的存在下，污染物的生物转化依然可以进行，推测是介体开辟了新的电子传递路径，使得在抑制剂阻断电子传递链的情况下，微生物依然可以维持正常的代谢。另外，通过计算有无介体的反应体系的活化能，发现介体的加入可以大大地降低反应体系的活化能，也证明了介体对污染物生物转化的催化作用。

2. 胞外介体

除了微生物传统的胞内电子传递，微生物的胞外电子传递是微生物电子传递的另一类型[15]。微生物胞外电子转移是指细胞氧化有机物（电子供体）产生电子，并将电子传递给细胞外的最终电子受体的过程。胞外电子传递在地球环境中的碳、铁、锰循环，微量金属元素和磷在地球中的形态和分布，以及地下水修复等过程中起关键作用，因而受到众多研究者的关注。微生物胞外电子转移过程也称为胞外呼吸，它是近年来发现的新型微生物厌氧能量代谢方式，主要包括铁呼吸、腐殖酸呼吸与产电呼吸 3 种形式。微生物胞外呼吸与传统的有氧呼吸、胞内厌氧呼吸存在显著差异。其电子受体多存在于胞外；氧化产生的电子必须通过电子传递链从胞内转移到细胞周质和外膜，并通过外膜上的细胞色素 c、纳米导线或者自身产生的电子穿梭体等方式，最终将电子传递至胞外的末端受体（图 2.13）。胞外呼吸的本质问题是微生物与胞外电子受体的相互作用，即微生物如何将胞内电子传递至胞外受体[16]。

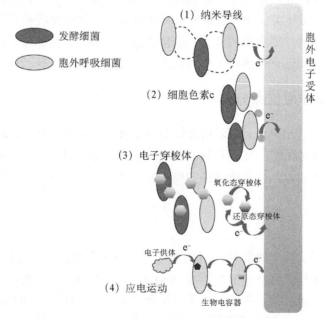

图 2.13　微生物胞外电子传递的四种机制

厌氧条件下微生物将电子传递给胞外电子受体的现象非常普遍，介体是介导胞外电子传递过程的重要途径之一。一部分微生物自身能分泌一些物质作为内生电子穿梭体，另一部分微生物能利用天然存在或人工合成的某些物质作为外生电子穿梭体，并将其携带的电子传递至微生物胞外电子受体。电子穿梭体介导微生物胞外电子传递的基本过程为：氧化态电子穿梭体接受电子变成还原态，还原态电子穿梭体传递电子给胞外电子受体，自身在此被氧化成氧化态电子穿梭体，从而循环往复。

2.3.4 按介体生物特性分类

内源性介体是指利用污染物处理系统中部分特殊微生物、污染物本身和降解中间产物作为氧化还原介体[17]。内源性介体解决了外源性介体加入造成成本升高、二次污染等问题，是新型氧化还原介体研究的主要方向之一。而外源性介体就是人为添加到微生物系统的可以作为电子穿梭体的物质。

1. 内源性介体

微生物自介导的研究表明，难降解污染物的厌氧还原转化通常在胞内进行，起作用的还原酶定位在细胞膜、周质或细胞质中。然而，自然界中存在一些特殊微生物（如电化学活性菌），特定条件下菌体表面分泌氧化还原性物质或形成氧化活性组分，这些物质的存在促进了电子在微生物和污染物间的传递。因此，这类微生物厌氧还原污染物被称为是菌体自介导的胞外还原过程。

异化金属还原菌 *Shewanella* 在许多生物处理技术中发挥重要作用，如微生物燃料电池、有机污染物、重金属废水和沉积物的生物修复等。最初人们发现 *Shewanella oneidensis* MR-1 能够分泌甲基萘醌类化合物。随后，关于 *Shewanella* 分泌促进 Fe（Ⅲ）还原的内源电子穿梭体的报道越来越多，但分泌化合物的种类并未确定。2008 年，von Canstein 等[18]首次证实 *Shewanella* 分泌的黄素类物质分别为黄素单核苷酸和核黄素，它们可以作为电子穿梭体加速不溶性铁氧化物异化还原。生物膜细菌自介导电子穿梭体可能的机制如图 2.14 所示。同年，Marsili 等采用电化学装置探索 *Shewanella* 在以电极作为电子受体时的生长情况，结果发现微生物到电极表面的电子传递依赖于细胞分泌的黄素类物质的介导。此外，有研究发现，某些活性微生物，如 *Pseudomonas aeruginosa* 也能够分泌氧化还原活性物质（如吩嗪类衍生物），影响微生物到电极表面的电子转移。此外，*Pseudomonas* 菌属分泌的吩嗪类物质还用于提高微生物燃料电池的产电能力[19]。综合以上报道发现，*Shewanella* 和 *Pseudomonas* 菌属都能够分泌氧化还原介体用于加速电子转移，将此类特殊微生物用于废水处理是一项很有前途的技术。

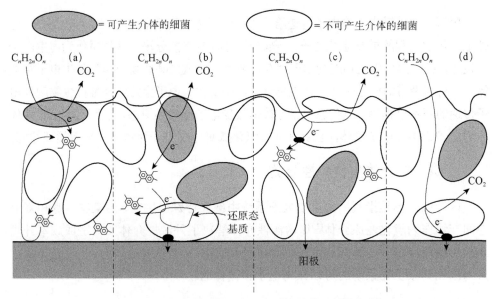

图 2.14 生物膜细菌自介导电子穿梭体可能的机制

图中灰色的细菌可以产生溶解性的介体，而白色的细菌不能产生。黑色的圆圈代表能够将电子从细菌转移到细胞外环境的膜结合化合物。（a）一个微生物利用自身产生的氧化还原介体到达阴极；（b）一个微生物利用还原态的氧化还原介体作为电子供体，阴极作为电子受体；（c）一个细菌使用另一个细菌产生的氧化还原介体到达阴极；（d）一个微生物利用膜结合介体将电子传递到阴极

2. 外源性介体

外源性介体就是指需要人为添加到微生物系统的具有氧化还原活性的可以作为电子穿梭体的物质。这类物质可以加速电子由电子供体向电子受体的传递，从而加速难降解污染物的生物还原转化。内源性介体解决了外源性介体加入造成成本升高、二次污染等问题，但是内源性介体只存在于某些特殊的污染物处理系统，这限制了其进一步的应用，因此研究外源性介体，调控污染物的生物转化过程依然具有重要的理论和工程意义。

2.3.5　按水溶性分类

按介体的水溶性，可以将介体分为水溶性介体和非水溶性介体。水溶性介体主要是指小分子的介体，由于小分子的溶解性和扩散性好，水溶性介体的催化能力一般较非水溶性介体好。水溶性氧化还原介体可以催化多种污染物的厌氧生物转化，如偶氮染料、硝基芳烃、卤代物，以及高化合价的金属离子等。然而，水溶性的氧化还原介体会随着水流而流失，需要持续投加介体，不仅增加了运行成本，而且介体的流失会引起二次污染[20,21]。为了克服水溶性介体存在的这些问题，

近年来，研究者更多地关注于非水溶的氧化还原介体。本章 2.4 节将对非水溶性介体的研究进展进行介绍与论述。

对于水溶性介体和非水溶性介体的催化机理和起作用的位点也是值得注意的，小分子的介体可以透过细胞膜，加速微生物的胞内电子传递，进而加速微生物对污染物的生物转化作用。由于位阻作用，非水溶性介体不能进入细胞内部，其催化污染物生物转化的机理是加速胞外电子的传递。另外，由于非水溶性介体在催化污染物的生物转化过程中，受到传质阻力的影响，催化效率低于一般水溶性介体。但是，另一方面，由于非水溶性介体不能透过细胞膜进入细胞内部，因此，其对微生物的毒性远小于小分子的水溶性介体。

2.4　非水溶性介体

非水溶性介体的研究主要包括两类，一类是本来就不溶于水的介体，研究比较多的是碳材料和腐殖质类介体。常见的碳材料有活性炭、活性碳纤维、碳纳米材料等。

而另一类非水溶的介体是将水溶的介体固定于载体材料制备得到。研究者将一些介体通过物理包埋、分子间作用、化学键作用等固定在各式各样载体材料的内部或者表面，制备得到固定化的介体。现在研究的载体材料主要有海藻酸钙、聚氨酯、聚对苯二甲酸乙二酯纤维、阴离子交换树脂等，对其制备方法、催化性能、优势与不足、反应器应用等方面进行论述，为介体进一步的工业化应用提供技术支持。

2.4.1　基于碳材料的非水溶性介体

活性炭是应用最广泛的碳基材料之一，它具有微孔和较大的比表面积，这使得它具有优异的化学反应活性。活性炭表面含有醌基或者羧基官能团，并且醌基官能团的浓度可以达几毫摩尔/克，而微摩尔的醌基就可以作为介体催化污染物的生物转化。因此活性炭可以作为介体催化污染物的厌氧生物转化。2003年 Van der Zee[22]课题组首次报道了活性炭作为介体的研究。微生物可以将电子从基质乳酸，转移给活性炭表面的醌基团，醌可以进一步将电子转移给酸性橙染料，进而催化了活性橙染料的生物还原。

常规的商品化的活性炭可以直接作为介体加速污染物的厌氧生物转化。它的优势在于活性炭易于进行物理或者化学的改性，使其具有特定的功能或者特性。活性碳纤维除了具有活性炭丰富的表面官能团和多通道的优点，活性碳纤维还具有非常高的机械强度和灵活性，活性碳纤维的灵活性使得它可以放在反应器的任何部位。

由于活性炭内部的孔径多为微孔，而很少有大孔或者介孔，微孔导致了物质的扩散限制，进而引起了反应过程中的传质阻力。Pereira 等研发了介孔的碳凝胶和碳纳米管。随着新兴碳纳米材料的出现，具有二维结构的石墨烯受到了广泛的关注。石墨烯和氧化石墨烯可以催化污染物质的生物转化，一方面由于其表面有大量的功能基团，另一方面得益于其优良的电导性能和大的比表面积。

不同的微生物（混合菌群或者单菌株）、基底（葡萄糖、乙酸钠、酵母膏）、处理污染物（偶氮染料、硝基芳香化合物、重金属等）、外界环境条件，如温度、电子供体、微生物类型在此不做详细论述，其特性与水溶性介体的情况类似。碳基材料加速污染物厌氧转化的倍数为两倍或者几倍，另外，碳基材料作为介体的体系，污染物的厌氧转化程度可以进行得更为彻底。但是多种因素都会影响碳基材料作为介体的催化性能。

1. 活性炭与活性碳纤维

活性炭及其改性常见的氧化还原介体具有一定的结构共性：即表面含有醌基/羰基基团。活性炭作为一种吸附剂，已广泛应用于废水处理。因其表面含有醌基/羰基基团，Van der Zee 等[22]于 2003 年提出以活性炭作为固态氧化还原介体用于偶氮染料脱色研究。结果证实含有活性炭的污泥床对偶氮染料厌氧生物脱色具有加速作用。随后，国内外学者以活性炭作为氧化还原介体开展了一系列研究。2007年，Mezohegyi 等[23]采用连续上流式填充床反应器厌氧生物处理酸性橙 7 废水，分别比较了生物反应器内添加活性炭、石墨和氧化铝 3 种材料时对酸性橙 7 生物脱色的影响。研究发现反应器中添加活性炭时，在 2 分钟内酸性橙 7 的生物脱色率达到 99%。与其他的连续生物处理过程相比，含有活性炭的连续上流式填充床反应器是厌氧还原偶氮染料最为有效的系统之一。

虽然活性炭可以作为氧化还原介体促进偶氮染料生物脱色，但是活性炭接受电子的能力仅为 AQDS 的 1/6 左右。并且由于活性炭的微孔结构，其表面的醌/羰基基团能被菌体利用的数量有限。为此，人们对活性炭进行了物理或化学方法改性，通过改变活性炭的孔径大小或表面化学结构，来提高其生物催化性能。目前，常用的活性炭改性方法主要包括化学改性和热改性。Pereira 等[24]以商业 Norit ROX 0.8 活性炭为原材料，在保证其基本结构特性不变前提下，使用化学氧化、气相氧化和热处理等方法对活性炭进行改性。研究发现，氢气热改性活性炭在 pH 7 时对媒介黄的厌氧脱色速率影响最大，是未改性活性炭的 2 倍。而且，在生物系统中，氢气改性活性炭使媒介黄和活性红的脱色速率都增加 4.5 倍。2010 年，Mezohegyi 等[25]对连续上流式搅拌填充床-活性炭反应器中的活性炭进行了结构属性和表面化学性质改性。研究结果表明，活性炭结构属性改性对偶氮染料生物脱色速率影响较大，而且醌基/羧基催化作用的假说得到证实。综合以上研究表明，活性炭的适当改性可以优化介体的特性，对促进偶氮染料的厌氧生物还原具有重要意义。

与活性炭相比，活性碳纤维在难降解污染物的生物转化过程中具有独特的优势：比表面积约是活性炭的 100 倍，生物膜的有效面积较大。为此，Toro 等[26]以活性碳纤维为氧化还原介体，研究其对偶氮染料甲基红的厌氧生物还原影响。研究发现，活性碳纤维能够使甲基红的生物还原速率提高 8 倍。弊端在于活性碳纤维上容易附着生物膜，随着生物膜的增加，污染物甲基红生物还原过程中电子转移能力受阻，污染物还原速率降低。

碳材料例如活性炭、活性碳纤维以及生物碳材料可以不同的原材料制备，而不同的原材料制备的碳基材料在物理化学性能上存在差异性。对于生物碳，来自木材碎片和硬木片的生物碳比来自油菜秸秆的比表面积差两个数量级。尽管如此，来自于原材料的生物碳都对污染物的厌氧生物转化具有催化作用。对于活性炭，来自不同原材料，如木头、椰子壳、煤炭，都可以直接购买。近年来，考虑到污泥的大流量和污泥的资源化利用，污泥也作为制备活性炭的原料。总的来说，这些碳基材料包括活性炭、活性碳纤维以及生物碳的原材料具有广泛的来源，一些含碳的固体废弃物可以用来制备碳基材料，也同时实现了催化污染物的去除。

2. 碳纳米材料

随着碳纳米材料的出现，碳纳米管和石墨烯近年来在污染物修复领域受到越来越多的关注。碳纳米管和石墨烯具有相同的优势：较大的比表面积、机械强度高、生物相容性较好等。由于结构特殊性使其呈现独特的催化活性。Pereira 等[27]根据已有研究，比较了 3 种碳材料——活性炭、碳干凝胶、碳纳米管作为氧化还原介体的催化性能。结果表明，碳纳米管加速偶氮染料的生物还原速率最显著，其次为碳干凝胶和活性炭。Yan 等采用海藻酸钙、碳纳米管共固定 *Shewanella oneidensis* MR-1，制备海藻酸钙/碳纳米管/*S. oneidensis* MR-1 小球。这种共固定化小球使六价铬的生物还原速率提高了 4 倍。

石墨烯作为另一种碳纳米材料，其本身及氧化产物也具有提高难降解污染物还原速率的能力。Colunga 等[29]研究发现在厌氧污泥产甲烷和硫酸盐还原条件下，氧化石墨烯（GO）作为电子穿梭体能够使活性红 2 的生物还原速率提高 2～3.6

倍。氧化石墨烯适宜的粒度（450~700nm）和氧化还原电位（+50.8mV）是促进活性红2生物还原的重要因素。Wang 等[30]将氧化石墨烯投加到厌氧污泥中制备氧化石墨烯/厌氧污泥复合物。该复合物能够加速硝基苯的厌氧生物还原（图2.15），并且反应体系中的脱氢酶活性较无氧化石墨烯体系中增加2倍。

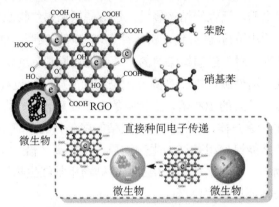

图 2.15　RGO 在硝基苯的厌氧生物转化过程中参与胞外电子传递[28]

石墨烯等导电性材料作为介体介导微生物对污染物的生物转化的机理也是介导电子传输。由于还原态的醌结构具优良的电导性，其可以间接地转移电子。随着表面醌基团含量的增加，可以明显地加速厌氧生物还原的速率。Mezohegyi 研究表明因高温下电负性氧基团的移除，石墨烯的离域 π 电子密度升高，使得碳材料的电导性增大，进而使得 π 电子更广泛地参与厌氧生物还原过程。Zhang 也得出相同的结论。具有高电导性的还原石墨烯在含氧官能团都被移除后，依然具有优良的催化性能，推测氧化石墨烯催化酸性红的电子传递链示意图如图2.16所示。路径1，微生物直接通过还原的氧化石墨烯将电子传递给酸性红；路径2，微生物分泌的黄素类物质首先被还原为还原态，然后通过还原的氧化石墨烯将电子传递给酸性红。

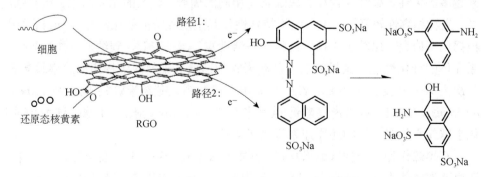

图 2.16　石墨烯催化偶氮染料生物还原机理

　　水溶性介体的催化机制是介体在氧化态和还原态之间发生结构的相互转化从而实现电子的转移。但是对于非水溶性的介体的催化机理是：碳基材料表面的醌基团首先被微生物还原为还原态，然后是还原态的碳基材料还原目标污染物。值得注意的是，在这个过程中，微生物的电子转移路径发生了变化。我们以活性炭、氧化石墨烯、碳纳米管等基于碳材料的非水溶性介体为例，介绍基于碳材料的非水溶性介体的催化机理。

　　Yan 等发现 *Shewanella oneidensis* MR-1 两种类型的细胞色素 c 本来是不参与硝基苯的生物还原，但是在碳基材料作为介体的体系中，细胞色素 c 参与了硝基苯生物还原的电子传递，这说明 *Shewanella oneidensis* MR-1 还原硝基苯的电子传递从最初的胞内改变为胞外。Zhang 等在 *Shewanella algae* 生物还原偶氮染料、*Acinetobacter* sp. HK-1 生物还原 Cr（Ⅵ）的过程也报道了与之相同的转变。污染物的生物还原发生在细胞外，可以降低污染物进入细胞的浓度，进而缓和污染物对细胞的毒性。

　　Zhang 在探究还原态氧化石墨烯（RGO）对微生物 *Shewanella algae* 生物还原偶氮染料效能影响的实验中，研究了还原的氧化石墨烯催化偶氮染料酸性红（AR18）的机理。氧化石墨烯具有优良的电导能力。AR18 的还原与氧化石墨烯的量有关。当氧化石墨烯的量为 0.075g/L 时，AR18 可达到最大脱色率。*Shewanella* 属还原偶氮染料的过程至少有两种路径。除了偶氮还原酶的直接还原，偶氮染料也可以被 *Shewanella* 分泌的电子穿梭体（FMN 和核黄素）的还原态还原。简单来说，电子穿梭体首先被微生物还原，接下来还原态的电子穿梭体化学还原偶氮染料。而在本研究中，在添加 RGO 的微生物体系表面发现了黄素类的物质。因此，推测 RGO 催化 AR18 的电子传递链示意图如图 2.16 所示。路径 1，微生物直接通过 RGO 将电子传递给 AR18；路径 2，微生物分泌的黄素类物质首先被还原为还原态，然后通过 RGO 将电子传递给 AR18。

　　除了通过污染物与醌基还原态的结构接触转移电子外，因还原态的醌结构优良的电导性，它还可以间接地转移电子。随着表面醌基团的含量增加，可以明显地加速厌氧生物还原的速率。Mezohegyi 解释了 AC14 醌基含量虽低，但性能好的原因。这是由于高温下电负性氧基团的移除使得石墨烯的离域 π 电子密度升高。AC14 的电导性增大，进而使得 π 电子更广泛地参与到厌氧生物还原过程。Zhang 也得出相同的结论。具有高电导性的还原石墨烯在含氧官能团都被移除后，依然具有优良的催化性能。Li 对此提出质疑，他认为还原态的石墨烯起到"延长纳米线"的作用,边缘不饱和的碳原子和表面的缺陷结构都有助于还原态石墨烯的催化性能。

3. 生物碳

活性炭、活性碳纤维、碳纳米材料作为非水溶氧化还原介体在加速难降解污染物的生物转化过程中发挥了重要作用。然而,部分碳材料的成本较高仍是限制其使用的制约因素。因此,关于碳材料的应用研究需要进一步探索,比如利用农业废弃物制备生物质碳作为氧化还原介体具有广阔的应用前景。

生物碳是一种与木炭类似的富碳固体,它由生物体在 700℃、控制氧气的条件下高温分解制备。生物碳可以增加土壤的肥力,促进植物的生长,减少一氧化二氮的排放[31]。生物碳因含芳香环结构和醌结构而具有氧化还原活性[32],近年来生物碳催化污染物质的厌氧生物转化受到关注。Saquing[33]研究了由木材制备的生物碳在 *Geobacter metallireducens*(GS-15)的体系,既可以作为乙酸氧化的电子受体又可以作为电子供体,经过生物或者化学的作用还原硝酸根(图 2.17)。通过考察乙酸的氧化和硝酸根的还原得到的生物碳对于微生物 GS-15 的电子储存容量分别为 0.85 mmol e$^-$/g 和 0.87mmol e$^-$/g,可以与腐殖质类的物质及其他电化学测量得到的生物碳相媲美。生物碳在自然环境和工程系统中的氧化还原循环以及生物碳对厌氧环境污染物的转化性能的影响需要进一步深入的研究。

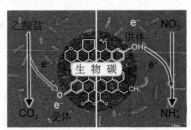

图 2.17 生物碳既作为电子供体又作为电子受体,催化硝酸根的还原[33]

2.4.2 介体的固定化构建非水溶性介体

基于碳材料的非水溶性的介体可以有效催化污染物的厌氧生物转化,但是许多碳基材料的醌基团催化污染物厌氧生物还原的效能相对较弱。因而,将一些水溶性的介体(AQS、AQDS、蒽醌、核黄素)固定于合适的材料,进行污染物的厌氧生物还原,具有重要的意义和广阔的应用前景。不同载体材料对介体的固定化研究情况如图 2.18 所示。

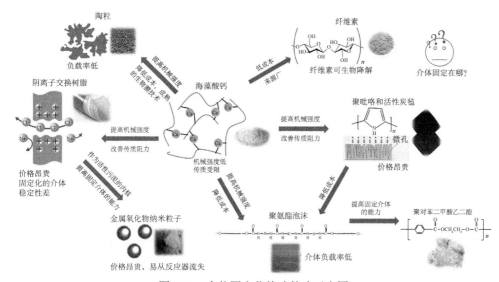

图 2.18　介体固定化构建策略示意图

1. 海藻酸钙

Guo 等[34]研究了海藻酸钙、聚乙烯醇-硼酸和琼脂固载蒽醌介体。由于聚乙烯醇-硼酸体系的固定化过程相对烦琐，琼脂固定化的介体机械性能差，因此，选用海藻酸钙固定化的介体进行后续的研究——催化耐盐菌的厌氧生物还原偶氮染料脱色（如 Reactive brilliant red X-3B，Acid black 10B）。厌氧生物脱色率可以加速 1.5～2 倍。循环使用 4 次以后，催化效率依然特别稳定，与最初的脱色效率相比，可以达到 90%。另外，海藻酸钙固定化的蒽醌也可以催化加速微生物的反硝化（NO_3^-—N_2）。1,5-二氯蒽醌-海藻酸钙也可以加速微生物的反硝化，并且 1,5-二氯蒽醌-海藻酸钙生物催化酸性红 B 的效率要高于 1,8-二氯蒽醌、蒽醌、1,2,5,8-蒽醌-海藻酸钙[35]。

然而，蒽醌-海藻酸钙的机械性能会随着使用次数的增加逐渐瓦解。持续投加耐盐菌会导致成本增加和产生大量的活性污泥。考虑到这些问题，Su 等[36]将蒽醌和活性污泥共固定于海藻酸钙，其表现出优良的催化性能，对于偶氮染料的脱色效率，在重复使用 10 次后，催化效能可保持原有的 92.8%。然而，与其他海藻酸钙固载的介体类似，其容易瓦解，机械性能逐渐降低。另外，由于微生物和蒽醌包载于海藻酸钙的内部，体系的传质阻力大，影响了对污染物的降解。

2. 聚吡咯和活性炭毡共固定

与常规的醌基在电极表面的单层吸附相比，聚吡咯（polypyrrole，PPy）掺杂醌具有更好的电催化性能和稳定性能。考虑到这点，Li 等[37]研究了 PPy 作为介体固定化的载体。活性炭毡（active carbon felt，ACF）具有三维的网络结构、优良的电化学性能、机械性能，以及优良的生物亲和力。Li 以 AQDS 为掺杂剂，以聚吡咯为载体，采用恒电流制备方法，聚合电位控制在 0.6～1.2V 范围内，在 ACF（黏胶基活性炭毡）的电极基体材料上形成聚吡咯膜复合材料 AQDS/PPy/ACF 功能介体，所述 AQDS/PPy/ACF 功能介体对偶氮染料的厌氧脱色具有催化作用，它的加入可显著提高偶氮染料的厌氧脱色效率，掺杂在聚吡咯母体中的 AQDS 对阴离子是生物催化活性中心，利用聚吡咯优良的生物相容性和物理化学性能，制备了非水溶性介体 ACF/PPy/AQDS 可使 RR120 的厌氧生物还原的速率加速 3.2 倍，使 RR15 加速 1.8 倍，高于 Pt/PPy/AQDS 的还原性能。

3. 高分子材料

1）聚氨酯泡沫

由于聚氨酯泡沫（PUF）具有适合微生物生长、良好的机械性能、低毒性、高的比表面积、价格低廉等，它是固定载体的优良材料。基于此，Lu 等[38]将 AQS 固定于聚氨酯泡沫上制备得到 AQS-PUF，用于催化污染物的厌氧生物转化。在批次实验中，AQS-PUF 对偶氮染料的脱色具有优良的催化性能和广谱性。当其存在于微生物体系时，可以使大肠杆菌生物还原苋菜红的速率增大 5 倍，使活性红 RR141、酸性红 AR73、直接黑 DB22 的生物还原速率加速 2.5 倍。这些数据都证明了 AQS-PUF 的催化性能和适用范围的广谱性。在后续的生物反应器系统，使用乙酸钠作为电子供体处理 RRX-3B，含有 AQS-PUF 的体系表现出更高的稳定性和脱色性能[39]（在高浓度偶氮染料下，脱色效率接近 80%）。但是，醌基固定于 AQS-PUF 后，受传质阻力的影响，醌基的催化活性低于水溶的醌基分子的催化活性。因而，Wang 研究了将希瓦氏菌菌属和 AQS 共固定于 PUF，加速了硝基苯的生物还原，其还原速率可达 0.13mmol/（L·h）。更有趣的是，在 AQS-PUF 的刺激下，希瓦氏菌分泌的核黄素可作为氧化还原介体。核黄素和 AQS 的协同效应使得含有 AQS-PUF 的生物体系硝基苯的生物还原速率是不含有 AQS-PUF 生物体系的 5 倍。

Zhou 等[40]将 AQS-PUF 用于一个上流式厌氧生物反应器进行实验。进水，pH 7，水力停留时间 10h，活性红的浓度为 50mg/L。反应器的脱色效率可达到 93.8%，高于只含有 PUF 的对照组。另外，当 RR15 的浓度从 50mg/L 增大到 400mg/L 时，反应器的去除率都在 85% 以上。AQS-PUF 在反应器中的催化效率只比小瓶试验低 9%。

2）聚对苯二甲酸乙二酯

聚氨酯上羟基的含量相对较低，因而 AQS 通过化学键合法，在聚氨酯上的接枝量较少。与聚氨酯相比，聚对苯二甲酸乙二酯[poly（ethylene terephthalate），PET]酯键的断裂会产生大量的羟基，这有利于 AQS 的固定。Zhang 等[41]研究了 AQS 固定于 PET 催化污染物的厌氧生物转化，AQS 在 PET 上固定的浓度可达 0.083mmol/（L•cm³），这远高于 AQS 在 PUF 的接枝率[0.014mmol/（L•cm³）]。对偶氮 AR73、RR2、酸性黄 36、AR27，AQS-PUF 的催化效率分别是 1.6 倍、1.7 倍、3.7 倍、2.4 倍。另外 Xu 等[42]将 1-氯蒽醌、2-氯蒽醌、1,5-二氯蒽醌、1,8-二氯蒽醌、1,4,5,8-四氯蒽醌固定在 PET 上，以乙酸钠作为碳源分别用于催化生物反硝化。实验结果证明，在蒽醌介体中，1,8-二氯蒽醌修饰的 PET 具有最好的生物反硝化的性能，而在 Liu 的实验中，1, 5-二氯蒽醌-CA 海藻酸钙的生物反硝化的催化性能最好。这也反映了蒽醌和载体之间的相互作用（物理作用或化学作用）、固定化的方法等，会影响介体的催化性能。

值得一提的是，PET 的价格低于之前提到的海藻酸钙、PPy/ACF 和聚氨酯，这有利于 AQS-PET 的进一步大规模的工业化应用。

4. 离子交换树脂

将水溶性的介体固定于不同的高分子材料的矩阵，可以保证材料中的高浓度介体。颗粒污泥中的传质要比絮状污泥的传质差。因而通过包载固定化的介体，其传质性能要逊色于将介体固定化于材料的表面。Cervantes 等[43]将 AQDS 和 1,2-萘醌-4 磺酸钠（NQS）共固定于阴离子交换树脂（AER）（图 2.19）。根据批次实验结果，固定化的介体可以将 RR2 的生物厌氧脱色效率提高 8.8 倍。考虑到腐殖酸的广泛利用性，Cervantes 将 HA 固定在阴离子交换树脂上，可加速催化 RR2 的生物还原 2 倍，催化四氯化碳生物脱氯 4 倍。Cervantes 研究了 HA-AER 催化 RR2 和四氯化碳厌氧生物还原的限速步骤，结果表明微生物对 HA 的生物还原是限速步骤。这种情况可以通过增加生物量（如把 HA-AER 放入到类似 UASB 的厌氧生物反应器）。

Martínez 等[44]将 HA-AER 放于 UASB 反应器进行实验研究。进入 RR2 的浓度为 50~100mg/L，苯酚的浓度为 500mg/L，RR2 的脱色率和苯酚的去除率分别可以达到 80%~90%和大于 60%。另外，没有 HA-AER 的 UASB 反应器在运行 120 天后瓦解。

在批次实验和连续的反应器实验中，基于阴离子交换树脂的固定化介体展现出优良的催化性能。Cervantes[45]报道，如果温度高于 25℃，或者阴离子浓度（磺酸根或者磷酸根）较高时，AQS 和 NQS 会从阴离子交换树脂解吸附。这不仅会引起固定化介体催化性能的降低，也会导致出水中醌物质引起的二次污染。另外，以含有高浓度偶氮染料的实际纺织废水为例，其温度高于 50℃，并且含有高浓度的硫酸盐[46]，即使通过冷却塔的冷却也很难低于 25℃。因而，为了满足更大规模的工业化应用，关于醌介体在阴离子交换树脂的固定化需要进一步优化。

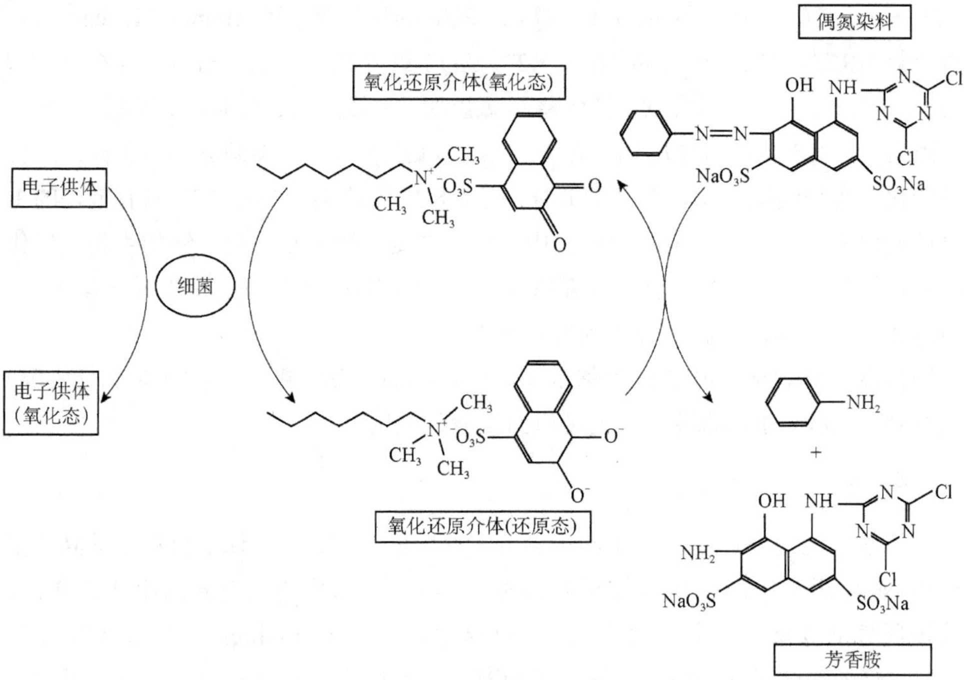

图 2.19 NQS 固定于阴离子交换树脂催化偶氮染料（活性红 2）厌氧生物还原的机制

5. 金属纳米粒子

随着纳米技术的发展，其在环境保护和污染控制领域逐渐引起了广泛的关注。如金属纳米粒子，具有非常好的吸附能力。Alvarez[47]使用 Al(OH)$_3$、ZnO、α-Al$_2$O$_3$ 纳米粒子作为载体吸附 AQDS。其中，Al(OH)$_3$ 纳米粒子的吸附能力最大，吸附量为 0.105mmol/g。AQDS-Al(OH)$_3$ 纳米粒子用于催化 RR2 的厌氧生物转化，催化效率可以达到 7.5 倍。在进一步的研究中，γ-Al$_2$O$_3$ 对核黄素的吸附能力优于 TiO$_2$、Al(OH)$_3$ 和 α-Al$_2$O$_3$ 纳米粒子。FA-γ-Al$_2$O$_3$ 纳米粒子作为固定化的介体可以加速四氯化碳的生物还原 10.4 倍。

Cervantes 等[48]将固定化的 HA-γ-Al$_2$O$_3$ 纳米粒子放于 UASB 反应器中，处理偶氮染料 RR2 的生物脱色。进入 RR2 的浓度为 400mg/L，水力停留时间为 12h，葡萄糖为基底，含有 HA-γ-Al$_2$O$_3$ 纳米粒子反应器的去除率高达 97.8%，处理性能和运行的稳定性远高于其他没有固定化介体的反应器。反应器中厌氧颗粒污泥的粒径在 1~1.7mm，然而在没有介体的对照组，颗粒污泥的粒径为 0.25~0.5mm。这是由于 HA-γ-Al$_2$O$_3$ 纳米粒子与醌还原微生物具有良好的接触性和吸附性，因此微生物可以在其表面更快地聚集。这表明 HA-γ-Al$_2$O$_3$ 纳米粒子不仅可以催化污染物的厌氧生物转化，而且可以加速颗粒污泥的形成，进而避免了微生物和介体的流失。

　　Guo 研究了采用化学键合的方法将醌介体修饰于磁性 Fe$_3$O$_4$ 纳米粒子的表面（图 2.20），由于纳米粒子具有较大的比表面积，有利于提高醌介体的负载率，从而实现高的催化效率。醌介体以化学键合的形式固定于磁性 Fe$_3$O$_4$ 纳米粒子表面，具有较高的稳定性，此外，磁性醌介体纳米功能材料可以通过外加磁场使其定向移动，进而实现其分离回收和循环使用，既有效地避免了二次污染，又可回收利用，具有良好的经济性。

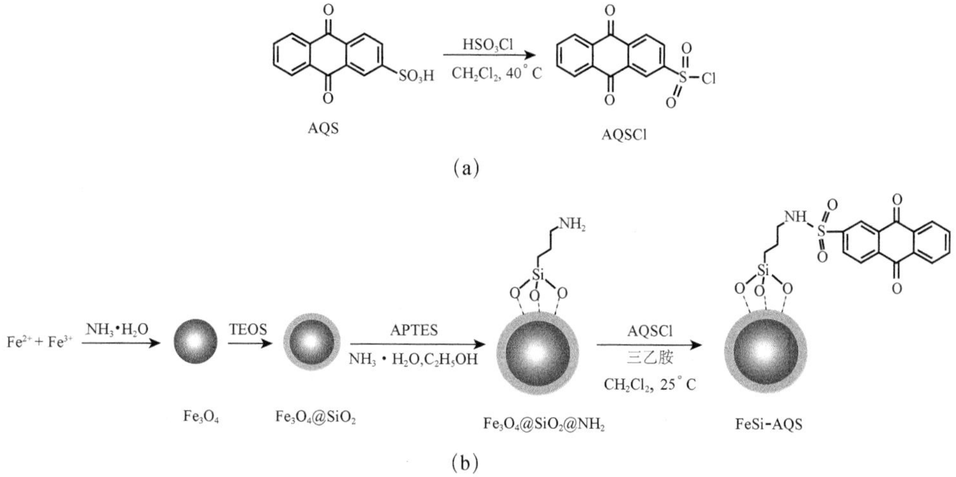

(a)

(b)

图 2.20　AQS 在磁性纳米粒子固定的构建策略

6. 陶瓷颗粒和硅胶

　　陶瓷颗粒具有低成本、高机械性能、低密度、多孔性结构等特点，因此可用于负载介体和微生物。Yuan 等[49]将 AQDS 固定化于陶瓷颗粒催化偶氮染料的厌氧生物还原。当盐度为 50g/L 时，AQS-陶粒催化加速偶氮染料生物脱色，可加速酸性黄 36、活性红 2、AR27 以及 AO7 的脱色效率 3~6.4 倍。但是 AQDS 在陶粒上固定化的密度低于聚氨酯和阴离子交换树脂的固载量，因此，为了达到理想的催化作用需要加入更大量的 AQS-陶粒，这将会减少反应器的有效体积，进而降低反应器的性能。

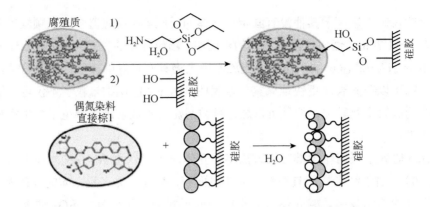

图 2.21　腐殖质通过化学键合在硅胶材料的构建策略示意图

无机材料较有机材料具有更好的机械性能，但是无机材料的反应性能较差。在无机材料表面修饰或者固定介体一般借助硅烷偶联剂。图 2.21 为硅烷偶联剂的结构——三乙氧基氨丙基硅氧烷[50]。硅烷偶联剂脱去乙氧基，与二氧化硅形成缩合物。氨基则可以作为反应性的官能团，与介体发生化学结合反应，实现介体的固定化。

7. 纤维素或者醋酸纤维素

纤维素是自然界中最为丰富的可再生的天然聚合物，其含有大量的羟基官能团，便于化学改性。Martins 等[51]将核黄素固定化于纤维素催化 Remazol Golden Yellow RNL 的厌氧生物还原。固载核黄素的纤维素对染料的脱色率是对照组的 1.56 倍。由于核黄素是通过化学键合作用固定于纤维素（图 2.22），因此，核黄素-纤维素具有优良的化学稳定性和机械强度。另外，核黄素-纤维素在 pH 高达 9 的情况下依然稳定。因此，核黄素-纤维素在处理高碱度的纺织废水方面具有应用前景。然而，纤维素在厌氧条件下，会被生物降解而造成核黄素的瓦解，该问题在后续的研究中需要进一步改善与优化。

醋酸纤维素具有优良的亲水性能，提高了水溶液在膜表面的亲和力。Li 将蒽醌、1,8-二氯蒽醌、1,5-二氯蒽醌、1,4,5,8-四氯蒽醌分别固载在醋酸纤维素上。其中 1,4,5,8-四氯蒽醌固载的纤维素具有最好的催化性能，可以加速生物反硝化 2.3 倍。这可能是由于氯取代的数量和位置不同，影响了蒽醌的吸电子能力。然而之前曾提过，Xu 和 Liu 在蒽醌固载的聚氨酯催化生物反硝化的实验中，不同的氯取代对生物反硝化的催化效能与此不一致。这说明氯取代的差异性可能不是蒽醌催化性能差异性的主要原因。Lian 在六种蒽醌固载的纤维素实验中，1-氯蒽醌的醋酸纤维素催化 Cr（Ⅵ）生物还原的性能最好，可以高达 4.5 倍。

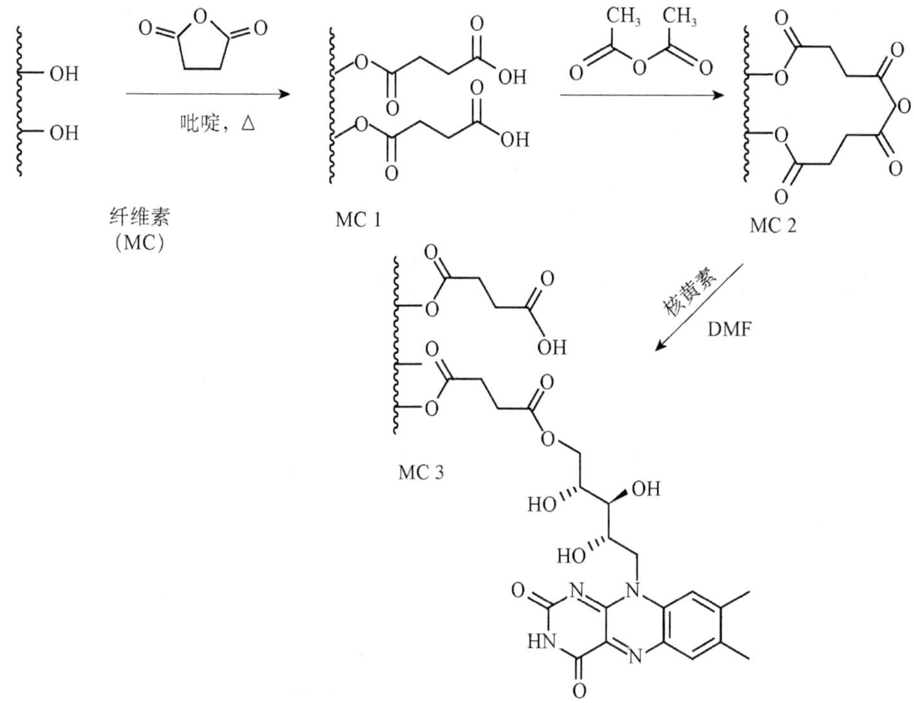

图 2.22　核黄素在纤维素上的固定化的合成路径

8. 碳材料

碳材料本身可以作为氧化还原介体催化污染物的厌氧生物转化，由于碳材料表面具有丰富的官能团，便于改性，因此又可作为氧化还原介体的载体。Alvarez 等[52]将 AQDS 固定在活性炭颗粒上，研究了其对偶氮染料的催化性能（图 2.23），并对这个过程电子的传递进行了研究。

鉴于石墨烯具有优良的生物相容性和较大的比表面积，并且能够提高难降解有机物的还原转化速率。Lu 等[53]将蒽醌-2-磺酸钠（AQS）共价固定在被还原的氧化石墨烯（RGO）上制备 AQS-RGO 复合物（图 2.24）。该复合物能够提高酸性黄 36 的生物还原速率。在上述研究的基础上，Zhang 等[54]选取氧化石墨烯（GO）作为载体，通过一步共价反应制备了醌-GO 复合物，该方法使每克 GO 上固定 1.93～2.96mmol 醌，基本达到了物理吸附固定的量。其中 2-氨基-3-氯-1, 4-萘醌-GO 能显著提高 *Acinetobacter* sp. HK-1 还原六价铬的速率。当 NQ-GO 浓度为 50mg/L 时，六价铬的生物还原速率比无 NQ-GO 体系提高了 140 倍。可见，该材料具有潜在的应用价值。

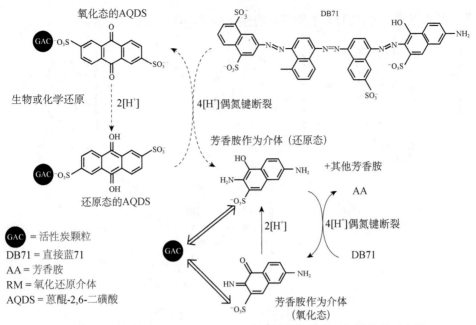

图 2.23　AQDS 在活性炭上的固定化及其催化偶氮染料厌氧转化的示意图

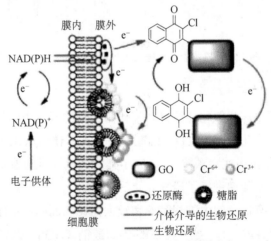

图 2.24　醌介体在石墨烯上的固定化及其催化机理示意图

9. 功能材料

对于上述大多数固定介体的方法是基于现有材料的直接固定或者材料改性后固定，使得固定化的介体材料的物理特性、化学性能以及微生物挂膜和生长性能不能根据功能性的需求进行设计，所以研发功能性的材料作为介体固定化的载体具有重要的理论和工程意义。

作为介体的功能材料需要对载体材料的形态、密度、亲水性、带电特征、微生物挂膜等特性进行可控的功能化调节。郭建博课题组研究了聚丙烯酸水凝胶固定中性红并用于催化偶氮染料的生物降解。实验路线如图 2.25 所示，首先通过热缩聚法，以丙烯酸为单体、$K_2S_2O_4$ 为引发剂制备了水凝胶。接下来中性红的氨基与聚丙烯酸水凝胶的羧基 EDC 缩合，实现了中性红在聚丙烯酸水凝胶上的固定化。

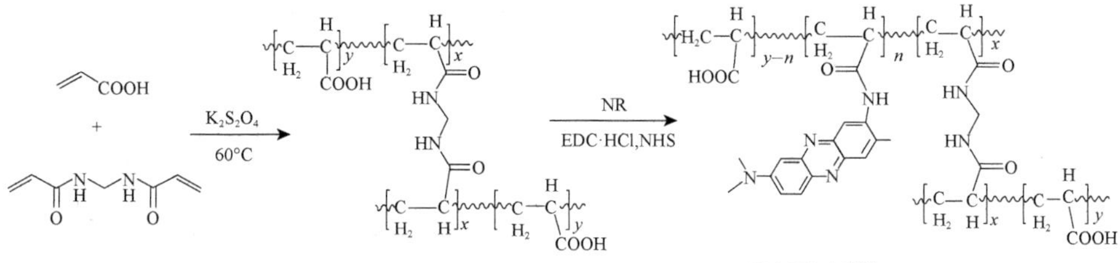

图 2.25　聚丙烯酸水凝胶固定中性红的合成策略

　　该丙烯酸水凝胶的含水量和黏弹性可以通过单体的浓度和交联剂的量进行可控性的调节；其次，由于水凝胶体系 90%～95%以上都是水，并且水凝胶内部是贯穿的三维网络结构，与之前报道的聚氨酯、PET 等材料不同，PAA 水凝胶体系具有低的传质阻力，实现了对中性红高达 13.5 倍的催化效率；另外，水凝胶由于其优良的生物相容性，是研究最为广泛的功能材料之一。其不仅可以作为介体固定化的载体，也可以兼具其他功能性的特征。Tang[55]课题组通过电化学还原的方法原位制备了 AQS 改性的导电的聚吡咯水凝胶。固载有 AQS 聚吡咯水凝胶阳极具有多孔的结构和亲水的表面，可以加速生物膜的形成。与无水凝胶和 AQS 修饰的空白电极相比，使电阻从 28.3Ω 降低到 4.1Ω，使电流密度从 762±37mW/m^2 增大至 1919±69mW/m^2，CPH/AQS 在电极上的修饰可以提高 MFC 的产电功率。

　　具有特定的光、电、磁、热、化学、生化等性能的功能材料，作为介体固定化的载体，可以使固定化的载体同时满足材料的多种功能化的应用，这将会是介体工业化应用的研究方向。

2.5　介体催化污染物厌氧生物转化的机理

2.5.1　介体催化污染物生物转化机理

1. 调控生物电子传递

电子传递是将来自还原型辅酶 NADH（或 FADH$_2$）的电子通过电子传递链

传递给电子受体。电子传递链通常由复合体Ⅰ（NADH-CoQ 氧化还原酶）、复合体Ⅱ（琥珀酸-CoQ 氧化还原酶）、复合体Ⅲ（CoQ-细胞色素 c 氧化还原酶）、复合体Ⅳ（细胞色素 c 氧化酶）组成的。

复合物含有很多氧化还原辅助因子。通过这些氧化还原辅助因子的氧化和还原反应能够产生电子流，流动的方向是从一个还原剂到一个氧化剂。传递链中各成分的还原电位都落在强还原剂 NADH 和最终的电子受体之间，辅酶 Q 和细胞色素 c 类似位于传递链复合物之间的纽带。辅酶 Q 将电子由复合体Ⅰ和Ⅱ传递至复合体Ⅲ，细胞色素 c 连接复合体Ⅲ和Ⅳ，复合体Ⅳ利用电子催化氧还原为水。

调控微生物的电子传递链是水溶性介体加速污染物生物转化的重要机理之一。通过抑制剂可以抑制微生物原有的电子传递链，常用的抑制剂主要有氯化铜、叠氮化钠、鱼藤酮、抗霉素 A、辣椒素等。它们可以特异性地抑制电子传递链中的某个位点。介体可以开辟新的电子传递路径，进而使得在抑制剂存在的情况下，维持微生物正常的新陈代谢。研究表明，不同的氧化还原介体可以加速电子传递链中的不同位点。如 AQDS 加速硝酸盐的生物反硝化通过加速复合体Ⅰ和醌池，进而加速电子从 NADH 到硝酸盐还原酶的传递。刃天青加速位点是 NADH 脱氢酶、NADH-泛醌还原酶和醌池。血红素（hemin）可以替代电子传递链中复合体Ⅲ的细胞色素 b_L 和细胞色素 b_H，开辟新的电子传递途径。

2. 介导电子传输

在微生物的胞外呼吸中，氧化产生的电子必须通过电子传递链从胞内转移到细胞周质和外膜，并通过外膜上的细胞色素 c、纳米导线或者借助介体氧化态和还原态的转化实现电子的传输等方式，最终将电子传递至胞外的末端受体。其中，介体借助其氧化态和还原态的可逆转化进而实现电子的传输是介体介导污染物生物转化的重要机理之一。

醌类物质和腐殖质是微生物胞外电子传递过程中应用最广泛的介体，醌基是它们的氧化还原活性基团。大量研究利用循环伏安法证实这些醌类物质具有反复接受和给出电子的能力。醌类物质在胞外呼吸菌的作用下接受电子还原成氢醌，这些氢醌被胞外电子受体（如铁氧化物）氧化成相应的半醌，最后氧化为醌，醌类物质就是以这样的形式循环参与电子传递[图 2.26（a）]。当胞外电子受体为微生物时，介体是微生物种间电子传递的电子载体。以 *Geobacter metallireducens* 和 *Geobacter sulfurreducens* 为例，二者互营氧化乙醇时主要利用 H_2 或甲酸作为电子载体。当醌类物质存在时，便可替代 H_2 或甲酸介导微生物种间电子传递，而且其优势在于醌类物质是可以循环利用的电子载体[图 2.26（b）]。一个单独的介体能参与数千次氧化还原循环，因此极小浓度的介体都能极大地影响给定环境中的终端电子受体的量。

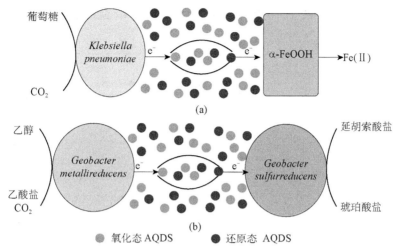

图 2.26　胞外电子传递过程中的电子穿梭机制（以外生电子穿梭体 AQDS 为例）：
（a）AQDS 介导 *Klebsiella pneumoniae* 和 α-FeOOH 之间的胞外电子传递过程；（b）AQDS 介导 *Geobacter sulfurreducens* 和 *Geobacter metallireducens* 之间的胞外电子传递过程

3. 降低反应活化能

活化能是指化学反应中，由反应物分子到达活化分子所需的最小能量。化学反应速率与其活化能的大小密切相关，活化能越低，反应速率越快，因此降低活化能会有效地促进反应的进行。酶通过降低活化能（实际上是通过改变反应途径的方式降低活化能）来使一些原本很慢的生化反应得以快速进行（或使一些原本很快的生化反应较慢进行）。

在多数情况下，其定量规律可由阿伦尼乌斯公式来描述：

$$k=A\exp(-E_a/RT) \tag{2.2}$$

式中，k 为反应的速率系（常）数；E_a 和 A 分别称为活化能和指前因子，是化学动力学中极重要的两个参数；R 为摩尔气体常数；T 为热力学温度。

式（2.2）还可以写成：

$$\ln k=\ln A-E_a/RT \tag{2.3}$$

$\ln k$ 与$-1/T$ 为直线关系，直线斜率为$-E_a/R$，截距为 $\ln A$，由实验测出不同温度下的 k 值，并将 $\ln k$ 对 $1/T$ 作图，即可求出 E_a 值。

氧化还原介体对反应体系活化能的降低是其催化污染物生物转化的重要机理之一。已有研究报道了氧化还原介体的加入对反应体系活化能的影响，例如，Xu 报道了 AQS 作为介体介导偶氮染料活性红 23 的脱色中，与没有添加介体的对照组相比，体系的活化能降低了 50%。Xie 的研究表明铁卟啉作为氧化还原介体加速生物反硝化的过程中，添加血红素的体系的反应活化能为 3.27kJ/mol，而没有添加血红素的对照组的反应活化能为 25.04kJ/mol，血红素的加入使反应体系的活化能降低了 87%（图 2.27）。

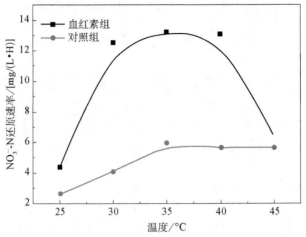

图 2.27 不同温度下的反硝化速率

血红素组是血红素浓度为 0.25mmol/L 的生物体系；对照组是不添加任何介体的生物体系

4. 调节氧化还原电位

氧化还原电位用来反映水溶液中所有物质表现出来的宏观氧化还原性。对于微生物的生物转化反应需要在特定的氧化还原电位下进行，氧化还原电位的变化会影响到特定反应的反应速率甚至使其不能发生[56]。对于厌氧介体生物技术的研究，在大多情况下，介体的加入可以降低反应体系的氧化还原电位，而较低的氧化还原电位有助于促进污染物的厌氧生物还原，因此，调节体系的氧化还原电位也是介体催化污染物的生物转化的重要机理之一。郭延凯等研究了 2,7-AQDS、1,5-AQD、AQDS、AQS 等 4 种氧化还原介体在厌氧条件下对酸性红 B 的脱色效果，研究发现氧化还原介体可以明显降低厌氧体系的氧化还原电位，最高降低了 87mV。赵丽君等研究了 AQS 对亚硝酸盐脱氮效果的影响，研究发现添加 AQS 的厌氧体系氧化还原电位相对较低，介于 −400～−500mV 之间，AQS 在亚硝酸盐的厌氧反硝化过程中可能起到了 CoQ 的功能，同时 AQS 提高了厌氧体系中电子的传递速率。

5. 调控微生物代谢特性

厌氧条件下微生物将电子传递给胞外电子受体的现象非常普遍，而电子介体是介导微生物胞外呼吸过程的重要途径之一。一部分微生物自身能分泌一些物质作为内生介体，另一部分微生物能利用天然存在或人工合成的某些物质作为外生介体发生氧化还原作用。介体从胞内呼吸链得到电子被还原后，将电子转移给胞外电子受体被氧化，而被氧化的介体继续从微生物接受电子以此循环于微生物与胞外电子受体之间。这种介体调控微生物呼吸的方式使微生物摆脱了需要与胞外电子受体直接接触的限制，也避免了合成"纳米导线"的能量投入。

在外界环境中，胞外呼吸菌在利用不可溶性物质作为电子受体时，氧化还原介体起了非常重要的作用。一些外生介体包括醌类物质、腐殖质等被证明具有接受和给出电子的能力，因而在铁呼吸、产电呼吸等胞外呼吸过程中发挥重要作用。大量研究表明氧化还原介体的添加能够提高微生物胞外电子传递效率，促进环境中重金属、有机污染物的微生物还原转化过程，以及改善微生物燃料电池的产电性能等。

2.5.2　介体对污染物厌氧生物转化的调控

1. 偶氮化合物

偶氮染料是由偶氮双键（—N＝N—）相连的芳香环结构，其中偶氮双键是发色基团。它是纺织废水中典型的污染物，排入河流后，不仅影响河水的色度和浊度，而且会转变为致癌芳香胺，造成水环境污染，影响人类的健康。偶氮染料由偶氮双键连接，由于受到芳香胺的影响，偶氮染料在好氧环境中非常难以还原，但可以在厌氧环境中还原。因此，偶氮染料废水的生物处理法，一般采用厌氧-好氧工艺处理[57]，经过厌氧阶段处理可提高其后续可生化性。然而，多数偶氮染料脱色菌在厌氧条件下，代谢速率缓慢、厌氧脱色效率低。因此，厌氧阶段的脱色速率成为偶氮染料完全生物降解的限速步骤。

氧化还原介体可以成倍地加速偶氮染料的还原，甚至某些情况下，介体的存在是偶氮染料还原的必要条件。郭延凯等研究了 2, 7-AQDS、1, 5-AQD、AQDS、AQS 等 4 种氧化还原介体在厌氧条件下对酸性红 B 的脱色效果，研究发现氧化还原介体可以显著提高酸性红 B 的脱色效率，其脱色率最高可达 89%，脱色率是未添加氧化还原介体的 3.2 倍。杨丹等研究了水凝胶固定化的中性红可以加速偶氮染料活性红 K2 的生物脱色效率 14 倍。

氧化还原介体加速偶氮染料的生物还原的机理如图 2.28 所示。以醌类介体为例，微生物接受来自葡萄糖的电子供体，将电子传递给醌类介体，醌类介体接受电子，变成其还原态苯酚的结构；还原态的介体可以将偶氮染料的偶氮键打开，使偶氮染料变成苯胺结构，实现了偶氮染料的还原。

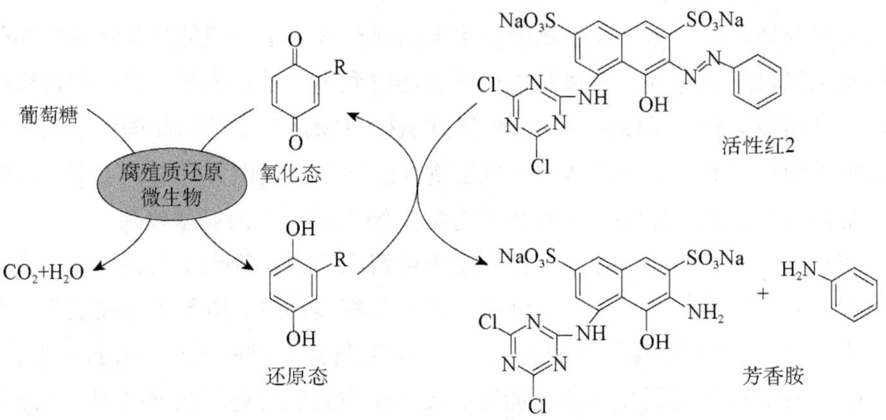

图 2.28 醌类化合物介导偶氮染料活性红 2 生物还原过程机理图

2. 硝基苯类化合物

硝基苯类化合物是一种难以生化降解的有机物。硝基化合物在化学工业中是制备各种胺类化合物的原料，也被作为炸药、香料及医药产品的原料，常常在精细化工产品生产过程中形成。硝基化合物对人身毒性大，因此国家对硝基化合物在废水中的浓度有较高要求，严格规定城镇污水处理厂处理出水中硝基化合物的含量均不得超过 2mg/L（GB18918—2002）。

硝基苯类化合物中的—NO_2 为强拉电子基团，硝基苯环具有强的吸电子诱导效应和共轭效应，使苯环更加稳定。经厌氧生物还原技术处理后，—NO_2 转化为—NH_2，而—NH_2 为推电子基团，具有推电子效应，可逆的诱导效应和超共轭效应使苯环电子云密度增加，降低了苯环的稳定性，大大提高了废水的可生化性，达到预期处理的效果。Yan 等发现，在 *S. oneidensis* MR-1 还原硝基苯过程中，加入碳纳米管可以改变电子的传递路径，从胞内硝基苯还原方式转向胞外硝基苯还原方式，同时碳纳米管对硝基苯的还原起促进作用，还原率提高 74%。研究表明 AQDS 可强化硝基苯的厌氧生物还原，AQDS 介导的 *Cellulomonas* sp.ES6 菌株降解三硝基甲苯的途径如图 2.29 所示。

3. 卤代物的生物脱卤素

卤代有机物是一大类毒性大、难以降解的环境污染物，其种类繁多，分布广泛。由于卤素的吸电子作用，卤代物很难直接发生氧化反应，必须经过脱氯酶的还原，才能发生进一步的矿化。四氯化碳的生物还原脱氯有两种形式，一种是直接脱去一个氯原子，形成三氯化碳自由基，再进行下一步的转化；另一种是氢原子取代氯原子，实现还原脱氯。

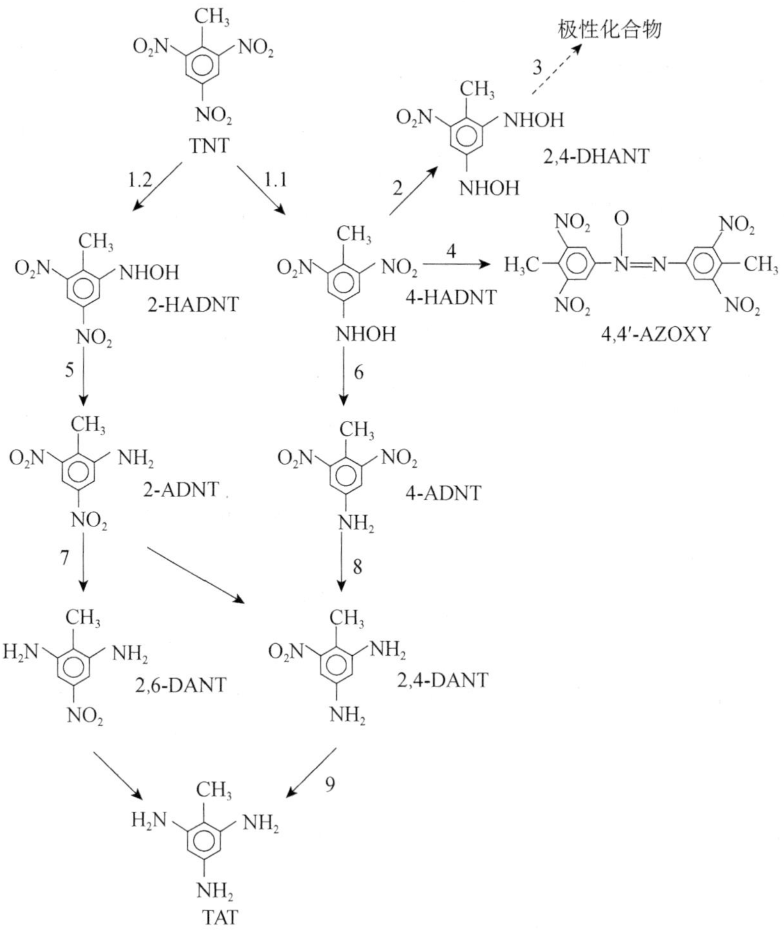

图 2.29　AQDS 介导的 *Cellulomonas sp.ES6* 菌株降解三硝基甲苯的途径

4. 生物反硝化

传统的生物反硝化作用也称硝酸盐呼吸，反硝化细菌以硝酸盐为最终电子受体，有机碳作为碳源及电子供体，在各种酶的作用下，将硝酸盐还原为 NO_2^-、NO、N_2O、N_2，同时将有机碳源氧化为 CO_2 并从中获得合成细胞物质所需的能量。生物反硝化不易造成二次污染，但仍存在一定的问题，即生物脱氮速率低，导致水力停留时间长，基建投资较高。而介体催化强化生物反硝化技术，可增强微生物自身的脱氮性能，提高生物反硝化的效率，以达到提高含氮废水处理效率的目的。

氧化还原介体对反硝化过程具有明显的加速作用。氧化还原介体特殊的化学结构使其具备传递电子的能力，加入反硝化体系中，介体参与了反硝化呼吸链中电子的传递。根据介体种类的不同，加速位点存在差异性。介体也会使反硝化体系中的氧化还原电位降低，以处于还原性更强的环境中，这更有利于硝酸盐的还原。介体的循环伏安特性表明，具备加速效果的介体，其氧化还原电位多处在反硝化电子传递链中电子供体与电子受体之间，利用本身易于得失电子的特性，提高了电子供体与受体之间电子的传递效率。此外，一些反硝化微生物具有醌呼吸特性，可将醌类介体还原为氢醌，使其进入反硝化的电子传递链。

5. 高氯酸盐的生物还原

高氯酸盐常作为氧化剂广泛应用于导弹、炸药和烟花、皮革制造、橡胶、纺织印染和电镀行业等[58]。因其较好的水溶性和化学稳定性，可在环境中大范围长期迁移扩散，进而导致水体污染，给饮用水安全带来威胁。物理化学法去除高氯酸根不彻底，成本较高，反应条件苛刻，不适于大规模应用。生物法作为最具应用前景的方法，具有高效率、低成本等优点，且实现了高氯酸根的形态转化，已成为当前本领域的研究热点。而厌氧生物降解速率慢，是高氯酸盐生物降解的瓶颈。

氧化还原介体具有催化强化高氯酸盐的厌氧生物转化作用[59, 60]。Heinnickel等[61]研究了吩嗪硫酸甲酯作为电子穿梭体，加速电子由 NADH 向高氯酸盐还原酶的传递。Ford 等[62]以生物铁作为介体催化还原硝酸盐和高氯酸盐。Thrash 等[63]利用菌 *Dechloromonas* 和 *Azospira*，在 AQDS 存在条件下，高氯酸盐去除速率可达 90mg/（L·d）。著者课题组的张华雨等和 Xu 等将蒽醌磺酸钠固定在不同高分子母体上形成醌基高分子功能生物载体，在一定程度上弥补了水溶性醌介体的缺陷和拓展了介体催化厌氧生物技术的应用前景。

而微生物厌氧过程电子传递链组成中包括多种结构电子传递体，以 α-AQS 为例，α-AQS 和复合体 I 的标准氧化还原电势分别是-0.108V 和-0.22V，都高于辅酶 Q（0.045V），所以电子更容易由 α-AQS 传递到辅酶 Q，从而加速高氯酸盐的降解。

6. 重金属的生物还原

微生物对金属的分布和在自然界的循环中起着重要的作用，金属与微生物之间的相互作用主要包括金属同化作用和异化金属还原。微生物的这种生物还原金属或非金属的能力，使得其可以应用于重金属污染土壤及水体修复、厌氧条件下氧化外源有害物质、合成新型生物催化剂及荧光生物材料等。例如，溶解态高毒性的 Cr（Ⅵ）可以通过生物还原为低毒性易沉淀的 Cr（Ⅲ）。Se（Ⅵ）和 Se（Ⅳ）可以被微生物降解为硒单质，以金属形态从污染水体中分离。Yates 等[64]使用 *Geobacter sulfurreducens* 胞外还原可溶性 Pd（Ⅱ）为 Pd（0）纳米颗粒（NPs），相较于化学方法,生物合成 NPs 具有优越的催化特性。生物处理法具有操作简便、经济环保等特点,但在重金属还原上存在速率低、转化周期长的应用短板,制约生物法工艺的大规模应用,加入氧化还原介体可降低能力壁垒,显著加速多种生物过程反应速率,近些年备受关注。

Guo 等[65]利用 *Escherichia coli* BL21 生物还原 Cr(Ⅵ),试验添加 0.8mmol/L AQS 培养 7.5h 后,Cr(Ⅵ)的还原效率为 98.5%,是空白对照组的 4.69 倍,且反应速率常数 k 与 AQS 浓度 c 线性相关。Chen 等[66]以不同浓度梯度的 AQDS 作为电子穿梭体探讨富砷沉积物中腐殖质-微生物-溶解性有机物(DOM)之间的联动关系,补充低浓度 AQDS 可以有效加速 As/Fe 还原速率。异化砷还原菌 *Bacillus selenatarsenatis* SF-1 能够通过还原工业污染土壤中固相 As(Ⅴ)和 Fe(Ⅲ)提取 As。外源介体 AQDS 的添加能与 *B. selenatarsenatis* 共同作用提高 As 的去除效率,同时释放 Fe(Ⅱ)[67]。

2.6 介体催化性能的影响因素

影响介体催化污染物性能的因素主要包括两个方面:一方面是介体自身的固有性质,包括介体的氧化还原电势、跨膜运输能力、电子转移能力、介体的溶解性、氧化还原可逆性以及诱导效应、共轭效应等。另一方面是环境因素,包括体系的温度、pH、电子供体、介体的浓度以及微生物的种类等。本节主要就这两方面进行论述。

2.6.1 介体固有特性

1. 氧化还原电势

氧化还原电势,又称电极电势或者电极电位,可用来判断氧化剂与还原剂的相对强弱,判断氧化还原反应的进行方向。标准氧化还原电势(E_0)是指可逆电极在标准状态及平衡态时的电势。条件氧化还原电势(E_0')是在一定介质条件下,氧化态和还原态的总浓度均为 1mol/L 时,校正了各种因素影响后电对的实际电极电位,它在一定条件下为一常数,不随氧化态和还原态总浓度的改变而改变。条件氧化还原电势的大小反映了在外界因素影响下,氧化还原电对的实际氧化还原能力。

氧化还原介体通过降低反应的活化能催化污染物的转化。因此,理想的氧化

还原介体的 E_0' 必须位于污染物的还原和电子供体的氧化两个半反应之间。

（1）介体的 E_0' 不能比生物还原体系的氧化还原电位低太多，否则在生物体系内不能完成对介体的还原。NAD（P）/NAD（P）H 是生物体系最低的氧化还原电对，E_0（NAD（P）/NAD（P）H）是–320mV。在偶氮染料的生物还原中，由于维生素 B_{12}（cyanocobalamin）和乙基紫精（ethyl viologen）的 E_0' 分别是–530mV 和–480mV，比生物体系的氧化还原电位低太多，因此，它们不能作为氧化还原介体。甲基紫精（methyl viologen）是偶氮染料的生物还原中可以使用的氧化还原介体中，氧化还原电位最低的。

（2）介体的 E_0' 不能比污染物的高出太多，否则的话，介体不能完成对污染物的还原。而不同的污染物氧化还原电位不尽相同，因此，难以确定氧化还原介体的最高允许的 E_0'。通过极谱测定半波标准电位（$E_{1/2}$）可以给出一些指示，然而报道的半波电位水平，具有一个比较宽的范围–530mV～–180mV。即使对于同一种偶氮染料，也可以相差 200mV。研究者使用多种具有不同 E_0' 的醌类化合物来还原酸性红 27（Acid Red 27）。结果表明对于特定的偶氮染料，它们的半波电位大约在–250mV 和–350mV 左右，只能被 E_0' 低于–50mV 的醌类介体还原。对于 1, 4-苯醌和甲基萘醌的 E_0' 分别是+263mV 和–19mV，可能由于它们的氧化还原电位太高的原因，不能作为酸性红 27 还原的介体。

介体的 E_0' 对污染物的还原速率会产生影响。在介体介导的污染物的还原过程中，普遍认为反应分可分为两步：电子供体将介体还原为还原态的介体；还原态的介体还原污染物。在第一步反应中，也就是介体被还原的过程中，介体的 E_0' 越高，反应速率越快；在第二步的反应中，也就是还原态的介体还原污染物的过程中，还原速率随着介体的 E_0' 的降低而加快。因此，对于介体介导的污染物的还原过程，限速步骤将会受介体 E_0' 的影响，如果 E_0' 较高，限速步骤是污染物的还原，如果 E_0' 太低，限速步骤就会是介体被还原的过程。

介体的 E_0' 对污染物的生物还原速率的影响通过实验进行了验证。以氯代化合物为例，在零价铁对四氯化碳的还原脱氯过程中，由于 AQDS 比指甲花醌具有更低的氧化还原电势，AQDS 对四氯化碳还原脱氯的加速倍数是无介体对照组的 3 倍，要高于指甲花醌 2 倍的加速倍数。另外，在全氯乙烯的还原脱氯过程中，具有最低氧化还原电势的对苯二酚对全氯乙烯的还原速率最大，而具有最高氧化还原电势的对苯醌对全氯乙烯还原速率最低。除了醌类介体，其他类介体的 E_0' 与污染物的还原脱氯速率也呈现非常高的相关性。例如，AQDS、核黄素、维生素 B_{12} 作为介体介导四氯化碳的厌氧还原脱氯的实验中，四氯化碳的还原速率随着介体的氧化还原电势的升高而降低。维生素 B_{12} 具有最低的氧化还原电势

（−530mV），与无介体对照组相比，还原速率增大了 13.3 倍；而核黄素（E_0'=−208mV）和 AQDS（E_0'=−184mV）使四氯化碳还原脱氯速率增加的倍数分别是 4 倍和 3.7 倍。

对于某一特定的污染物或者生物体系，介体的最优 E_0' 时，两步反应即介体被还原和还原态介体还原污染物的反应速度是相同的。然而，由于生物体系的复杂性，介体的最优 E_0' 是无法确定的。例如，在偶氮染料生物还原的体系中，使用多种介体进行实验，介体的 E_0' 和偶氮染料的还原速率之间并没有发现明显的规律。并且，具有相同 E_0' 的三种介体：FAD、FMN、AQS 对偶氮染料的作用表现出很大的差异性。因此，介体的氧化还原电势是影响介体催化性能的重要因素，但不是唯一因素。

2. 跨膜运输能力

氧化还原介体跨越细胞膜的能力是氧化还原介体最值得关注的性质之一。以偶氮染料为例，研究表明细胞提取物中偶氮还原酶的活性比完整细胞提取的活性要高出很多，细胞膜可以形成介体和偶氮染料的屏障。因此，AQS 作为最优介体调控 *Sphingomonas xenophaga* 对偶氮染料的生物还原，可能是与膜结合呼吸链酶 NADH——泛醌的氧化还原酶，以及其他几种类似的膜结合酶系统。

然而，正如最近在大肠杆菌中发现的那样，这种机制也可以基于介体扩散透过细胞膜并与胞内酶的结合。大肠杆菌内与介体相关的偶氮还原酶是细胞质内的硝基还原酶，充当泛醌的还原酶。唯一可使用的介体是指甲花醌，一方面是由于指甲花醌具有合适的氧化还原电位可以被酶还原，另一方面是由于它跨越细胞膜的能力。指甲花醌具有相对较小的分子粒径，且不含有带电荷的取代基，具有较好的亲脂性，因此易于透过细胞膜，具有较高的跨越细胞膜的能力。

3. 电子转移能力

电子转移能力（electron transfer capacity，ETC）指一定量介体能够接受或给出的电子当量，包括电子接受能力（electron accepting capacity，EAC）和电子供给能力（electron donoring capacity，EDC）。一般来说，醌类物质的 EAC 和 EDC 接近，表明醌类物质发生电子传递过程几乎是可逆的，但是也有些物质的 EAC 比 EDC 略高，比如 2-HNQ、AQC、AQS 等。许多研究证实，介体的电子转移能力是影响电子传递过程的一个重要因素。

在可逆电子转移反应中，反应可以向两个方向进行以达到反应的平衡。其中，醌类化合物容易发生电子的得失且在电子转移反应中具有良好的可逆性。醌类化合物特有的氧化还原特性主要得益于半醌自由基中间体的共振稳定性。有醌参与电子转移反应，如果反应产物发生副反应时，该电子转移反应就变成不可逆了（单向）。例如，邻苯二酚与 O_2 反应的氧化产物在 pH 中性条件下，可发生氧化偶联反应，这使得整体反应进程变得不可逆。副反应会形成醌和非醌副产物，这两种产物明显具有不同的氧化还原特性。

醌类化合物的可逆电子转移反应主要归因于其半醌自由基中间体共振结构的稳定性。共振稳定性是由于电子在分子结构上的离域而产生。许多核具有自旋，因而具有磁矩。核磁矩与电子之间的相互作用造成能级分裂。核磁矩很小，能级的分裂也很小。由电子顺磁共振测得的超精细分裂常数表明中间体苯酚自由基中存在未成对的电子，并且更倾向位于环的对位和邻位上。在半醌基自由基中，两个羟基取代基位于苯氧自由基的对位和邻位，利于 π 苯环共振结构，这有利于半醌基自由基的稳定性。在对位和邻位半醌基的阴离子中，超过 60% 的自旋密度位于氧原子。因此，对醌和邻醌的氧化还原反应主要发生在羟基的氧原子上，从而产生可逆的氧化还原反应性。

4. 溶解性

介体的溶解性对其催化污染物转化性能的影响，不能一概而论。在一定的浓度范围内，介体的浓度与其催化污染物生物转化效率的关系符合 Monod 方程。在介体的浓度较低时，污染物的生物转化速率随着介体浓度的增大而增大，而随着介体浓度的持续增大，反应速率增大的程度变得缓慢并趋于恒定。而介体的浓度会影响介体在体系中的浓度。

介体介导的污染物的生物转化，特别是对于水溶性的污染物，如偶氮染料，介体的水溶性越好，其催化反应时的传质阻力也越小，因此，对应的反应速率也越大。

然而，许多模型介体，如醌类和黄素类化合物，相对于一些天然的介体（如腐殖质类）具有更高的水溶性，这也意味着它们对 PCC 的生物还原脱氯具有不同的催化效果。无论是化学或生物方法，具有较好水溶性的介体比在水中成悬浮状态的介体更容易被还原，进而会产生更快脱氯速率。研究结果也证明了水溶性的介体比悬浮的 NOM 非水溶性介体具有更高的脱氯速率。

而介体介导微生物转化污染物性能的影响是多方面的，对于不同溶解性的介体，有时会影响其他的调控因素。Watanable 认为强化氯代有机物的生物脱氯的介体应同时具有亲水基团和疏水基团。亲水基团可增加介体的水溶性，而疏水基团可增加与细胞膜以及氯代有机物的相互作用。Stolz 在强化偶氮染料生物脱色中，也证实了介体亲脂性的重要性。另外，含有吸电子基团（如—SO_3H、—COOH 等，也是亲水基团）的醌类介体可实现氧化还原的循环，而含有供电子基团的醌则不能（易发生氢解）。

5. 诱导效应和共轭效应

介体的氧化还原电势是介体催化污染物生物转化性能最重要的因素，诱导效应、共轭效应以及其他可改变介体活性基团电子云密度的因素都会改变介体的氧化还原电势，进而影响其对污染物生物转化的催化性能。

在苯环体系中，如果苯环上连接原子的电负性比碳大，那么它或它所连接的基团能使苯环上的 π 电子以及与此取代基相连的 σ 键上的电子通过 σ 键向取代基偏移，即具有吸电子诱导效应。共轭效应是使取代基的 p 电子（也就是孤对电子）或者 π 轨道上的电子云与苯环的 π 体系相互重叠，从而使 p（或者 π）电子发生较大范围的离域引起的。离域的结果若使取代基的 p 电子向苯环偏移，则发生了给电子共轭效应；若使苯环上的 π 电子向取代基偏移，则发生了吸电子共轭效应。对于特定的介体分子，诱导效应和共轭效应是其电子特性的主要影响因素。

（1）诱导效应。在有机化合物分子中，由于电负性不同的取代基（原子或原子团）的影响，使整个分子中的成键电子云密度向某一方偏移，使分子发生极化的效应，叫诱导效应。当介体分子连有强吸电子（或供电子基团）时，会改变介体分子的氧化还原电位。对于醌类化合物而言，一般情况下，供电子取代基（如—CH_3、—OCH_3）使氢醌的 pK_a 值增大，使氧化还原电对 Q/QH_2 的氧化还原电位 E_0 降低；而吸电子基团（如氯原子）则表现出相反的影响。

吩嗪类分子在连接不同的取代基团时，如 1-羟基吩嗪（phenazin-1-ol，Phz-1-OH）、中性红（neutral red，NR）、2,3-二氨基吩嗪（2,3-diaminophenazine，DAP），其结构式和循环伏安图如图 2.30 所示。从 Phz-1-OH、DAP 到 NR，随着供电子取代基的诱导效应的增强，其对应的氧化还原电位分别逐渐减小。而对于 1 位取代基为羟基、酰胺基（—$CONH_2$）和羧基时，结合 H_3O^+ 时，其氧化还原电位分别为 -0.108V、+0.176V、+0.186V。

（2）共轭效应。共轭效应是指共轭体系中由于原子间的相互影响而使体系内的 π 电子分布发生变化的一种电子效应。醌类化合物芳香环的环数越多，分子具有更高的共振稳定性，醌类化合物具有更低的氧化还原电位 E_0（Q/QH_2）。如对苯醌的 E_0=+180mV、甲萘醌的 E_0=-203mV、2-羟基-1,4-萘醌的 E_0=-139mV、AQDS 的 E_0=-184mV、AQS 的 E_0=-218mV。在考虑诱导效应的影响下，对于醌类化合物，蒽醌比萘醌化合物具有更低的氧化还原电位。

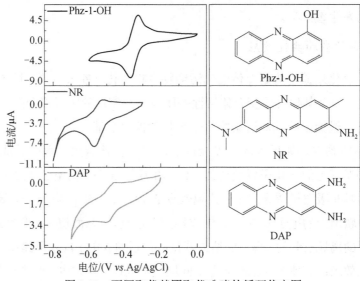

图 2.30 不同取代基团取代吩嗪的循环伏安图

6. 氧化还原可逆性（电化学特性）

在苯醌以及其他醌类化合物中，对苯醌是代表性化合物，对苯醌含有两种官能团：酮羰基和碳碳双键。因此对苯醌的加成反应主要包括 α，β-不饱和酮的 1，2 加成和 1，4 加成以及碳碳双键的亲电加成和环加成。亲核试剂对醌环的加成反应会改变醌类化合物电子转移反应的活性。如果有副反应发生时，副反应的反应物或者生成物的参与，会使得总反应变得不可逆。经过一系列副反应，副产物可能不再具有醌类化合物的性质，也不能再作为生物反应的催化剂。

迈克尔加成反应是污染物（如苯胺）与腐殖酸的醌基团结合的重要反应。迈克尔加成反应是不可逆的，反应速率比 1 位、2 位羰基碳上的加成慢得多。亲核加成反应对醌电子转移反应的影响主要表现在两个方面：①醌类化合物苯环上的氢原子被取代后，改变了其电子转移反应的反应性；②反应产物也可能参与其他不可逆的副反应，进而改变了总反应的可行性特征。

对苯二酚和邻苯二酚都易发生自氧化反应。在 37℃，pH 7.4 的条件下，浓度为 50μmol/L 对苯二酚完成自氧化反应需要的时间大于 9h。而对于邻苯二酚可以发生不可逆的自氧化反应，氧化产物可以进一步发生聚合反应。这些不可逆的氧化反应，使得对苯二酚和邻苯二酚作为介体时，其介导电子传输的能力大大降低。

2.6.2 环境因素

1. 温度

温度升高，分子动能增大，使活化分子的百分数增多，从而提高反应速率。

化学反应速率常数随温度的变化一般用阿伦尼乌斯方程（Arrhenius equation）描述。其指数形式如式（2.4）所示。

$$k=Ae^{-E_a/RT} \tag{2.4}$$

式中，k 为速率常数，R 为摩尔气体常量，T 为热力学温度，E_a 为表观活化能，A 为指前因子（也称频率因子）。根据阿伦尼乌斯方程可以看出，温度每升高 10℃，反应速率将增大 2～3 倍。

　　根据阿伦尼乌斯方程可知，反应活化能越大，反应速率受温度的影响越大。对于介体催化污染物厌氧生物转化的体系，研究表明介体的加入可以降低反应的活化能。因此，温度升高的结果是无介体的体系反应速率增大的程度要大于有介体的体系。

　　由于升高温度，无介体偶氮染料还原（高活化能）与介体存在偶氮染料还原（较低活化能）相比，增长速度相对较高。大多数的研究结果表明了阿伦尼乌斯趋势，即高温污泥比中温污泥具有更高的偶氮染料基本还原率和相对较小的介体影响。如无介体存在情况下水解还原活性红 2 的一阶反应速率常数，污泥高温（55℃）比污泥中温（30℃）高 5.6 倍，而 AQS（12μmol/L）在 30℃和 55℃时这些速率常数分别增加 3.8 倍和 2.3 倍。这些比较的结果与硫化物的上述反应，表明污泥与硫化物等的一般特点，即对于无介体偶氮染料还原，污泥比硫化物效果更好。这种现象可能是由于中温污泥和高温污泥不同的微生物组成引起的。另外，它反映了温度可能与活化能改变有关，两种截然不同的纯培养物非介体还原偶氮染料的影响差异也与活化能改变有关。

　　基于胞内传递物释放的解释则与此相反，由于温度升高而导致较高的细胞老化，它意味着，由于高温调节池的影响，污泥的速率常数比硫化物低，事实显然并非如此。Dos Santos 的一些研究结果并不符合阿伦尼乌斯趋势。对于反常下降的介体和无介体的偶氮染料还原速率，可能由于其观察温度超出最佳温度 60℃，这可能反映了适宜的污泥接种温度。与此相反，并没有明确的解释为何 AQDS 水解还原活性红 2 在 45℃的影响比 55℃和 60℃的小，而核黄素还原活性橙 14 在 55℃的影响比 30℃的大。

　　2. pH

　　氢离子浓度对环境微生物的生长有直接影响，不同微生物对 pH 的要求有很大的差异。一般细菌的 pH 适应范围为 4～10。大多数细菌在中性和弱碱性（pH 7.0～8.0）范围内生长最好，当 pH>9 或者 pH<6.5 时，微生物的生长受到

抑制。

不适宜的 pH 对微生物影响是多方面的，主要有以下几种：

（1）导致细胞膜电荷的改变。由于细胞膜具有胶体性质，随着 pH 的改变，所带正负电荷也随之变化，这种变化会影响细胞膜对某些离子性化合物的选择透性，进而影响微生物对营养物质的吸收；

（2）直接影响酶的活性。微生物的酶都有最适 pH，pH 的改变使酶活性降低，微生物代谢过程发生障碍；

（3）影响环境中营养物质的解离状态及所带电荷的性质。细菌表面带有负电荷，中性分子易进入细胞，离子化合物难以进入。pH 变化会影响某些营养物（如氮磷酸盐）的可利用性。

在腐殖酸存在条件下，以硫化物还原的六氯乙烷体系，体现了六氯乙烷还原反应的假一级速率常数与 pH 之间的直接关系。pH 从 7.2 到 8.0，k 增大 5 倍。还原反应的一级独立性归因于腐殖酸中的氧化还原活性物质的去质子化。最近的实验证实了最新的假设，以 AH_2QDS 为介体的六氯乙烷的还原过程的 k 值非常依赖于 pH。以醌类为介体的脱氯过程，在高 pH 条件下，速率更快。在不同的 pH 下，以铁卟啉为氧化还原介体，用半胱氨酸还原的六氯乙烷和 CT（四氯化物）的脱氯过程得到了相似的结果。当 pH 为 6～9 时，六氯乙烷和 CT 的还原反应的二级反应常数分别增加了 4 倍和 5 倍。最近的实验表明，腐殖质催化的氧化还原反应中，涉及的可逆的功能物质依赖于 pH，这在反应体系中普遍存在。数据表明，腐殖质中的非醌结构在 pH=6.5 时，有传输电子能力，而不同的醌类结构在 pH=8 时，显示出传输电子能力。

3. 电子供体

介体介导的污染物的生物还原过程包括两个半反应：①介体氧化还原活性官能团的还原；②接下来还原性的介体对污染物的还原。因此整个反应的反应速率取决于外加电子供体将电子传递给介体的能力和还原性的介体将电子传递给污染物的能力。根据文献报道，不论是通过化学作用还是生物作用而实现的介体的还原过程一般都快于接下来电子从还原态的介体到污染物的转移过程。例如，通过硫化物还原 AQDS 和腐殖酸的还原反应在几个小时内即可完成，而还原态的 AQDS 或腐殖酸还原 PCC 的脱氯反应则需要数天。多种微生物，其中包括铁还原菌、硫酸盐还原菌、耐盐菌、发酵菌和产甲烷菌，也都能迅速地还原 HA 或醌类化合物，然后加速 PCC 厌氧条件下的脱氯。亚铁是厌氧环境中常见的还原剂，但它的还原能力小于硫化物，亚铁作为电子供体时，它的还原脱氯速率较低。对于介体介导的生物脱氯，与甲醇和乙酸盐作为电子供体时相比，葡萄糖、甲酸盐和氢具有更高的脱氯速率，这是因为葡萄糖、甲酸盐和氢作为电子供体时，醌具有更高的还原活性（图 2.31）。此外，当不溶性电子供体参与脱氯反应时，非水溶性介体有时甚至会抑制脱氯反应。如当使用零价铁作为电子供体的脱氯反应实验时，非水溶性介体的存在，对三氯乙烯和 PCE 的脱氯速率和最终脱氯的程度都起抑制作用，这是因为非水溶性介体竞争吸附零价铁表面的活性位点。

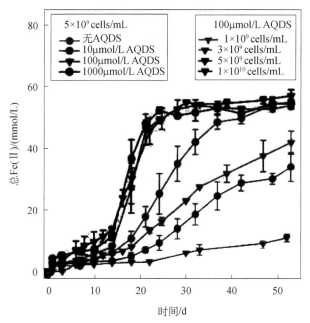

图 2.31　甲酸盐作为电子供体时，细胞密度和 AQDS 浓度影响
S. putrefaciens CN32 对纤铁矿的生物还原速率

　　介体可强化多种偶氮染料的生物还原过程。偶氮染料生物还原过程的电子供体会影响偶氮染料生物还原的速率：在单菌培养是通过影响酶的活性，在混合菌群是通过调整特定菌种的活性。因此，尽管影响的程度不同，底物的类型对偶氮染料的直接还原和介体介导的生物还原存在影响。有些情况下，研究表明使用AQDS-驯化的活性污泥时，AQDS-介导的活性红 2 的生物还原，乙酸盐作为电子供体，活性红 2 的生物还原效率远大于丙酸盐、丁酸盐和氢作为电子供体。但是对于没有介体介导偶氮染料的生物还原或没有经过驯化的活性污泥，乙酸盐都没有表现出显著的优势。

4. 介体的浓度

污染物的生物还原速率与氧化还原介体浓度的关系类似于 Monod 模型。在介体的浓度较低时，污染物生物转化的速率随着介体浓度的增大而显著提高；而介体到达一定的浓度后，速率常数则增加缓慢。甚至随着介体浓度的继续增大，污染物生物转化的效率可能会降低，这可能是由于介体的浓度达到了对微生物的阈值。

5. 微生物种类

Rau 等已证实醌介体还原为氢醌的过程通常是介体介导生物还原的限速步骤。其中，醌还原菌的活性是影响该反应过程的关键因素。醌还原微生物种类繁多，如在发酵性细菌、硫酸盐还原菌、卤代烃呼吸菌、产甲烷菌、铁还原菌等菌属中均有存在。Des Santos 以及 Cervantes 等以葡萄糖为电子供体，采用选择性抑制剂（如 2-溴乙烷磺酸、万古霉素等），考察了它们对醌介体强化偶氮染料以及四氯化碳生物还原的影响。结果表明，活性污泥中发酵性细菌在该反应体系中起主导作用，而产甲烷菌的作用有限。

2.7　介体特性分析方法

2.7.1　核磁共振氢谱

核磁共振主要是由于原子核的自旋运动引起的。核磁共振氢谱（^{1}H NMR）是利用核磁共振仪记录下质子在共振下的有关信号绘制的图谱。氢的核磁共振谱图提供了三种有用的信息：化学位移、耦合常数、积分曲线。应用这些信息，可以推测质子在碳架上的位置。核磁共振氢谱中，峰的数量就是氢的化学环境的数量，而峰的相对强度，就是对应的处于某种化学环境中的氢原子的数量。使用核磁共振仪自带的自动积分仪可以对各峰的面积进行自动积分，得到的数值用阶梯式积分曲线高度表示出来。

^{1}H 的化学位移（δ）受其所处化学环境的影响。烷烃质子的 δ 为 1~2，烯烃质子的 δ 为 4~6，而芳香环质子的 δ 为 6~8。

2.7.2　电化学分析方法

循环伏安分析法是将线性扫描电压施加在电极上，电压与扫描时间的关系：

从起始电压 E_i，沿某一个方向扫描到终止电压 E_m 后，再以同样的速率反方向扫描至起始电压，完成一次循环。当电位从正向扫描时，电活性物质在电极上发生还原反应，产生还原波，其峰电流为 i_{pc}，峰电位为 E_{pc}；当逆向扫描时，电极表间上的还原态物质发生氧化反应，其峰电流为 i_{pa}，峰电位为 E_{pa}，如图 2.32 所示。

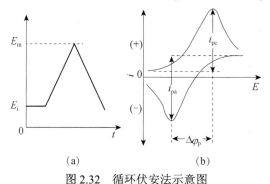

图 2.32　循环伏安法示意图

（a）三角波极化电压；（b）极化曲线

循环伏安分析法以快速线性扫描的形式对工作电极施加等腰三角波电压，如图 2.32 所示，由起始电压 E_i 开始沿一个方向线性变化，到达终止电压 E_m 后又反向线性变化，回到起始电压。记下 $I\text{-}\varphi$ 曲线，有峰电流 i_p 和峰电位 φ_p；由于双向扫描，所以循环伏安分析法极谱为双向的循环伏安曲线。

如果溶液中存在氧化态物质，当正向电压扫描时，发生还原反应：

$$\text{Ox} + ne^- \Longrightarrow \text{R} \qquad (2.5)$$

得到上半部分的还原波，称为阴极支；当反向电压扫描时，发生氧化反应：

$$\text{R} - ne^- \Longrightarrow \text{Ox} \qquad (2.6)$$

得到下半部分的氧化波，称为阳极支。

可逆体系下的循环伏安扫描：在该电极体系中，还原与氧化过程中电荷转移的速率很快，电极过程可逆。这可以从循环伏安图中还原峰电位与氧化峰电位之间的距离得到判断。一般地，阳极扫描峰电位 E_{pa} 与阴极扫描峰值电位 E_{pc} 的差值（DE_p）可以用来检测电极反应是否为 Nernst 反应。当一个电极反应的 DE_p 接近 $2.3RT/nF$（或者 $59/n\,\text{mV}$，25℃）时，我们可以判断该反应为 Nernst 反应，即是一个可逆反应。

不可逆体系下的循环伏安扫描：当电极反应不可逆时，氧化峰与还原峰的峰值电位差距较大。相距越大不可逆程度越大。一般地，我们利用不可逆波来获取电化学动力学的一些参数，如电子传递系数 a 以及电极反应速率常数 k 等。

氧化还原体系对生物体至关重要，因为生物体内的很多重要反应属于氧化还原反应，并从氧化还原反应过程中获得能量。循环伏安法是研究电化学体系的一种分析方法，可以检测反应物的稳定性，判断电极反应的可逆性等。氧化还原电位是用来反映水溶液中所有物质表现出来的宏观氧化还原性能。氧化还原电位越高，氧化性越强，电位越低，氧化性越弱。

2.7.3 电子顺磁共振

醌类化合物的可逆电子转移反应主要归因于其半醌自由基中间体共振结构的稳定性。共振稳定性是由于电子在分子结构上的离域而产生。电子顺磁共振（electron paramagnetic resonance，EPR）是由不配对电子的磁矩发源的一种磁共振技术，可用于从定性和定量方面检测物质原子或分子中所含的不配对电子，并探索其周围环境的结构特性。对自由基而言，轨道磁矩几乎不起作用，总磁矩绝大部分（99%以上）的贡献来自电子自旋，所以电子顺磁共振也称电子自旋共振。许多核具有自旋，随之具有磁矩。核磁矩与电子之间的相互作用造成能级分裂。核磁矩很小，能级的分裂也很小。由电子顺磁共振测得的超精细分裂常数表明中间体苯酚自由基中存在未成对的电子，并且更倾向位于环的对位和邻位上。在半醌基自由基中，两个羟基取代基位于苯氧自由基的对位和邻位，利于 π 苯环共振结构，这有利于半醌基自由基的稳定性。在对位和邻位半醌基的阴离子中，超过60%的自旋密度位于氧原子。因此，对醌和邻醌的氧化还原反应主要发生在羟基的氧原子上，从而产生可逆的氧化还原化学性。

2.7.4 红外吸收光谱分析

每种分子都有由其组成和结构决定的独有的红外吸收光谱，据此可以对分子进行结构分析和鉴定。红外吸收光谱是由分子不停地作振动和转动运动而产生的，分子振动的能量与红外射线的光量子能量正好对应，因此当分子的振动状态改变时，就可以发射红外光谱，也可以因红外辐射激发分子振动而产生红外吸收光谱。

羰基的伸缩振动一般在 $1870\sim1600\text{cm}^{-1}$ 出现强吸收峰，不同结构羰基吸收峰的位置也有所差异，如酸酐在 1810cm^{-1} 和 1760cm^{-1} 附近有两个羰基的强吸收，酯类、醛类、酮类、羧酸、酰胺的羰基的伸缩振动吸收峰分别在 1740cm^{-1}、1725cm^{-1}、1715cm^{-1}、1710cm^{-1}、1690cm^{-1} 附近。醌类化合物也属于酮类，有苯醌、萘醌、蒽醌等。由于 C＝O 与芳香环共轭，醌类的羰基伸缩振动频率出现在较低的频率区间。如 1,4-萘醌和蒽醌的 C＝O 伸缩振动频率分别为 1663cm^{-1} 和 1667cm^{-1}。当醌类芳香环上有吸电子取代基时，C＝O 伸缩振动向高频位移，如四氯苯醌的

C＝O 伸缩振动频率向高频移至 1690cm^{-1}。

在对位醌类化合物中，由于 C＝O 与芳环共轭，与 C＝O 相连的 C—C 键电子云密度增强，使 C—C 伸缩振动频率提高，吸收强度增加。在 $1340\sim1280\text{cm}^{-1}$ 出现两个很强的吸收峰。这个在 1,4-萘醌和蒽醌的红外谱图中分别位于 1331cm^{-1}、1303cm^{-1} 和 1335cm^{-1}、1287cm^{-1}。

2.7.5 理论模拟与计算

Materials Studio 是美国 Accelrys 公司生产的专门为材料科学领域研究者开发的一款可运行在 PC 上的模拟软件。它可以解决当今化学、材料工业中的一系列重要问题。支持 Windows 98、Windows 2000、NT、Unix 以及 Linux 等多种操作平台的 Materials Studio 使化学及材料科学的研究者们更方便地建立三维结构模型，并对各种晶体、无定型以及高分子材料的性质及相关过程进行深入的研究。模拟的内容包括了催化剂、聚合物、固体及表面、晶体与衍射、化学反应等材料和化学研究领域的主要课题。

Materials Studio 包含多个计算模块，如 DiscoverAmorphous，Equilibria，DMol3，CASTEP 等。其中 DMol3 模块具有独特的密度泛函（DFT）量子力学程序，是唯一的可以模拟气相、溶液、表面及固体等过程及性质的商业化量子力学程序，应用于化学、材料、化工、固体物理等许多领域。可用于研究均相催化、多相催化、分子反应、分子结构等，也可预测溶解度、蒸气压、配分函数、熔解热、混合热等性质。可计算能带结构、态密度。基于内坐标的算法强健高效，支持并行计算。

为了优选合适的氧化还原媒介分子，通常会进行电化学测试，或运行实验，但这些实验通常费时、费力。而量子化学计算提供了一种有效、具选择性的高速遴选新型氧化还原媒介分子结构的方法。已有文献报道，采用一种结合量子力学和分子力学的方法模拟黄素结合的醌氧化还原酶的电子和质子的加成反应。具有不同取代基的黄素分子，其电化学能量变化采用密度函数进行模拟，结果发现官能团对黄素分子的氧化还原电位有很大的影响。这说明量化计算可以成为探索吩嗪取代基对电子传递影响的有效手段。黄素具有多种化学行为的主要原因是可进行连续的反应和同步的反应。因此，吩嗪过程的量化计算需要考虑连续发生或同步发生两种情况，而水合质子是另一个需要考虑的重要因素，其结构和性质是水化学研究最基本的方面。在水环境系统中，质子化的水簇化合物包括水合氢离子、阳离子和以小水簇化合物为核心的大尺寸阳离子。这些水合质子的存在可能也会对反应产生影响，但这个影响因素在已有的反应计算中被忽略。因此，本章工作的主要目的是采用基于密度泛函理论的量化计算方法来探索水溶液中多种取代基对吩嗪分子电化学性质的影响。此外，还计算了吩嗪反应过程中每一步的自由能和氧化还原电位的变化，详细分析环绕在吩嗪分子周围的水合团簇的影响，了解其在质子亲和还原反应中的作用，同时进行电化学实验以验证计算结果。研究结果可以为设计新的氧化还原媒介分子提供有用的结构信息，降低电子传递过程中的能量损失，提高能量转换效率。

参考文献

[1] Mu Y，Rabaey K，Rozendal R A，et al. Decolorization of azo dyes in bioelectrochemical systems. Environmental Science & Technology，2009，43（13）：5137-5143.

[2] Sreelatha S，Velvizhi G，Kumar A N，et al. Functional behavior of bioelectrochemical treatment system with increasing azo dye concentrations：Synergistic interactions of biocatalyst and electrode assembly. Bioresource Technology，2016，213：11-20.

[3] Aranda-Tamaura C，Estrada-Alvarado M I，Texier A C，et al. Effects of different quinoid redox mediators on the removal of sulphide and nitrate via denitrification. Chemosphere，2007，69（11）：1722-1727.

[4] Xiao Z X，Awata T，Zhang D D，et al. Enhanced denitrification of *Pseudomonas stutzeri* by a bioelectrochemical system assisted with solid-phase humin. Journal of Bioscience and Bioengineering，2016，122（1）：85-91.

[5] Li X H，Guo W L，Liu Z H，et al. Quinone-modified NH_2-MIL-101（Fe）composite as a redox mediator for improved degradation of bisphenol A. Journal of Hazardous Materials，2017，324：665-672.

[6] Oh S Y，Son J G. The effects of humic acid and soil on black carbon-mediated reduction of 2, 4-dinitrotoluene. Environmental Earth Sciences，2016，75（1）：79-85.

[7] Jiang X B，Shen J Y，Han Y，et al. Efficient nitro reduction and dechlorination of 2, 4-dinitrochlorobenzene through the integration of bioelectrochemical system into upflow anaerobic sludge blanket：A comprehensive study. Water Research，2016，88：257-265.

[8] Liu L A，Yuan Y，Li F B，et al. In-situ Cr（Ⅵ）reduction with electrogenerated hydrogen peroxide driven by iron-reducing bacteria. Bioresource Technology，2011，102（3）：2468-2473.

[9] Liu G F，Yang H，Wang J，et al. Enhanced chromate reduction by resting *Escherichia coli* cells in the presence of quinone redox mediators. Bioresource Technology，2010，101（21）：8127-8131.

[10] Ramos-Ruiz A，Field J A，Wilkening J V，et al. Recovery of elemental tellurium

nanoparticles by the reduction of tellurium oxyanions in a methanogenic microbial consortium. Environmental Science & Technology，2016，50（3）：1492-1500.

[11] Shan B，Cai Y Z，Brooks J D，et al. Antibacterial properties and major bioactive components of cinnamon stick（*Cinnamomum burmannii*）：Activity against foodborne pathogenic bacteria. Journal of Agricultural and Food Chemistry，2007，55（14）：5484-5490.

[12] Van der Zee F P，Villaverde S. Combined anaerobic-aerobic treatment of azo dyes：A short review of bioreactor studies. Water Research，2005，39（8）：1425-1440.

[13] 高千千，朱启忠，漆酶-介体体系（LMS）及其应用. 环境工程，2009，616（S1）：598-602.

[14] 罗爽，谢天，刘忠川，等，漆酶/介体系统研究进展. 应用与环境生物学报，2015，21（6）：987-995.

[15] 林海龙. 厌氧环境微生物学. 哈尔滨：哈尔滨工业大学出版社，2013.

[16] Rosenbaum M，Aulenta F，Villano M，et al. Cathodes as electron donors for microbial metabolism：Which extracellular electron transfer mechanisms are involved?. Bioresource Technology，2011，102（1）：324-333.

[17] 吕红，张甜甜，张海坤. 新型介体催化难降解污染物厌氧生物还原. 环境科学与技术，2016，65（1）：7-12.

[18] von Canstein H，Ogawa J，Shimizu S，et al. Secretion of flavins by *Shewanella* species and their role in extracellular electron transfer. Applied And Environmental Microbiology，2008，74（3）：615-623.

[19] Rabaey K，Boon N，Hofte M，et al. Microbial phenazine production enhances electron transfer in biofuel cells. Environmental Science & Technology，2005，39（9）：3401-3408.

[20] Guo J B，Kang L，Yang J L，et al. Study on a novel non-dissolved redox mediator catalyzing biological denitrification（RMBDN）technology. Bioresource Technology，2010，101（11）：4238-4241.

[21] Dai R B，Chen X G，Ma C Y，et al. Insoluble/immobilized redox mediators for catalyzing anaerobic bio-reduction of contaminants. Reviews in Environmental Science and Bio-Technology，2016，15（3）：379-409.

[22] Van der Zee F P，Bisschops I A E，Lettinga G，et al. Activated carbon as an electron acceptor and redox mediator during the anaerobic biotransformation of azo dyes. Environmental Science & Technology，2003，37（2）：402-408.

[23] Mezohegyi G, Kolodkin A, Castro U I, et al. Effective anaerobic decolorization of azo dye acid orange 7 in continuous upflow packed-bed reactor using biological activated carbon system. Industrial & Engineering Chemistry Research, 2007, 46 (21): 6788-6792.

[24] Pereira L, Pereira R, Pereira M F R, et al. Effect of different carbon materials as electron shuttles in the anaerobic biotransformation of nitroanilines. Biotechnology and Bioengineering, 2015, 113: 1194-1202.

[25] Mezohegyi G, Gonçalves F, Órfão J J M, et al. Tailored activated carbons as catalysts in biodecolourisation of textile azo dyes. Applied Catalysis B Environmental, 2010, 94 (1): 179-185.

[26] Toro E E R-D, Celis L B, Cervantes F J, et al. Enhanced microbial decolorization of methyl red with oxidized carbon fiber as redox mediator. Journal of Hazardous Materials, 2013, 260: 967-974.

[27] Pereira R A, Pereira M F R, Alves M M, et al. Carbon based materials as novel redox mediators for dye wastewater biodegradation. Applied Catalysis B-Environmental, 2014, 144: 713-720.

[28] Li L, Liu Q, Wang Y X, et al. Facilitated biological reduction of nitroaromatic compounds by reduced graphene oxide and the role of its surface characteristics. Scientific Reports, 2016, 6: 30082-30091.

[29] Colunga A, Rangel-Mendez J Rene, Celis L B, et al. Graphene oxide as electron shuttle for increased redox conversion of contaminants under methanogenic and sulfate-reducing conditions. Bioresource Technology. 2015, 175: 309-314.

[30] Wang J, Wang D, Liu G, et al. Enhanced nitrobenzene biotransformation by graphene-anaerobic sludge composite. Journal of Chemical Technology and Biotechnology, 2014, 89 (5): 750-755.

[31] Keiluweit M, Nico P S, Johnson M G, et al. Dynamic molecular structure of plant biomass-derived black carbon (biochar). Environmental Science & Technology, 2010, 44 (4): 1247-1253.

[32] Yu L P, Wang Y Q, Yuan Y, et al. Biochar as electron acceptor for microbial extracellular respiration. Geomicrobiology Journal, 2016, 33 (6): 530-536.

[33] Saquing J M, Yu Y-H, Chiu P C. Wood-derived black carbon (biochar) as a microbial electron donor and acceptor. Environmental Science & Technology Letters, 2016, 3 (2): 62-66.

[34] Guo J B, Zhou J T, Wang D, et al. Biocalalyst effects of immobilized anthraquinone on

the anaerobic reduction of azo dyes by the salt-tolerant bacteria. Water Research，2007，41（2）：426-432.

[35] Guo J B，Liu H J，Qua J H，et al. The structure activity relationship of non-dissolved redox mediators during azo dye bio-decolorization processes. Bioresource Technology，2012，112：350-354.

[36] Su Y，Zhang Y，Wang J，et al. Enhanced bio-decolorization of azo dyes by co-immobilized quinone-reducing consortium and anthraquinone. Bioresource Technology，2009，100（12）：2982-2987.

[37] Li L，Zhou J，Wang J，et al. Anaerobic biotransformation of azo dye using polypyrrole/ anthraquinone disulphonate modified active carbon felt as a novel immobilized redox mediator. Separation and Purification Technology，2009，66（2）：375-382.

[38] Lu H，Zhou J，Wang J，et al. Enhanced biodecolorization of azo dyes by anthraquinone-2-sulfonate immobilized covalently in polyurethane foam. Bioresource Technology，2010，101（18）：7185-7188.

[39] Lu H，Wang J，Lu S L，et al. Influence of azo dye concentration on activated sludge bacterial community in the presence of functionalized polyurethane foam. Applied Biochemistry and Biotechnology，2015，175（5）：2574-2588.

[40] Zhou Y，Lu H，Wang J，et al. Catalytic performance of functionalized polyurethane foam on the reductive decolorization of Reactive Red K-2G in up-flow anaerobic reactor under saline conditions. Bioprocess and Biosystems Engineering，2015，38（1）：137-147.

[41] Zhang H，Lu H，Zhang S，et al. A novel modification of poly（ethylene terephthalate） fiber using anthraquinone-2-sulfonate for accelerating azo dyes and nitroaromatics removal. Separation and Purification Technology，2014，132：323-329.

[42] Xu Q，Guo J B，Niu C M，et al. The denitrification characteristics of novel functional biocarriers immobilised by non-dissolved redox mediators. Biochemical Engineering Journal，2015，95：98-103.

[43] Cervantes F J，Garcia-Espinosa A，Antonieta Moreno-Reynosa M，et al. Immobilized redox mediators on anion exchange resins and their role on the reductive decolorization of azo dyes. Environmental Science & Technology，2010，44（5）：1747-1753.

[44] Martínez C M，Celis L B，Cervantes F J. Immobilized humic substances as redox mediator for the simultaneous removal of phenol and Reactive Red 2 in a UASB reactor. Applied Microbiology & Biotechnology，2013，97（22）：9897-9905.

[45] Cervantes F J，Garciaespinosa A，Morenoreynosa M A，et al. Immobilized redox mediators

on anion exchange resins and their role on the reductive decolorization of azo dyes. Environmental Science & Technology, 2010, 44 (5): 1747-1753.

[46] Rasool K, Lee D S. Effect of ZnO nanoparticles on biodegradation and biotransformation of co-substrate and sulphonated azo dye in anaerobic biological sulfate reduction processes. International Biodeterioration & Biodegradation, 2016, 109: 150-156.

[47] Alvarez L H, Perez-Cruz M A, Rangel-Mendez J R, et al. Immobilized redox mediator on metal-oxides nanoparticles and its catalytic effect in a reductive decolorization process. Journal of Hazardous Materials, 2010, 184 (1-3): 268-272.

[48] Cervantes F J, Gomez R, Alvarez L H, et al. Efficient anaerobic treatment of synthetic textile wastewater in a UASB reactor with granular sludge enriched with humic acids supported on alumina nanoparticles. Biodegradation, 2015, 26 (4): 289-298.

[49] Yuan S-Z, Lu H, Wang J, et al. Enhanced bio-decolorization of azo dyes by quinone-functionalized ceramsites under saline conditions. Process Biochemistry, 2012, 47 (2): 312-318.

[50] Volikov A B, Ponomarenko S A, Konstantinov A I, et al. Nature-like solution for removal of direct brown 1 azo dye from aqueous phase using humics-modified silica gel. Chemosphere, 2016, 145: 83-88.

[51] Martins L R, Baêta B E L, Gurgel L V A, et al. Application of cellulose-immobilized riboflavin as a redox mediator for anaerobic degradation of a model azo dye Remazol Golden Yellow RNL. Industrial Crops and Products, 2015, 65: 454-462.

[52] Alvarez L H, Del Angel Y A, Garcia-Reyes B. Improved microbial and chemical reduction of Direct Blue 71 using anthraquinone-2, 6-disulfonate immobilized on granular activated carbon. Water Air and Soil Pollution, 2017, 228 (1): 38-46.

[53] Lu H, Zhang H, Wang J, et al. A novel quinone/reduced graphene oxide composite as a solid-phase redox mediator for chemical and biological Acid Yellow 36 reduction. RSC Advances. 2014, 4 (88): 47297-47303.

[54] Zhang H-K, Lu H, Wang J, et al. Cr (Ⅵ) Reduction and Cr (Ⅲ) immobilization by *Acinetobacter* sp HK-1 with the assistance of a novel quinone/graphene oxide composite. Environmental Science & Technology, 2014, 48 (21): 12876-12885.

[55] Tang X, Ng H Y. Anthraquinone-2-sulfonate immobilized to conductive polypyrrole hydrogel as a bioanode to enhance power production in microbial fuel cell. Bioresource Technology, 2017, 244 (Part 1): 452-455.

[56] 戴树桂. 环境化学, 北京: 高等教育出版社, 2006.

[57] Dafale N，Wate S，Meshram S，et al. Bioremediation of wastewater containing azo dyes through sequential anaerobic-aerobic bioreactor system and its biodiversity. Environmental Reviews，2010，18：21-36.

[58] Song W，Gao B，Wang H，et al. The rapid adsorption-microbial reduction of perchlorate from aqueous solution by novel amine-crosslinked magnetic biopolymer resin. Bioresource Technology，2017，240：68-76.

[59] Guo J，Kang L，Wang X，et al. Decolorization and Degradation of Azo Dyes by Redox Mediator System with Bacteria. Berlin Heidelberg：Springer，2010.

[60] Perminova I V，Hatfield K，Hertkorn N. Use of humic substances to remediate polluted environments：From theory to practice. Nato Science，2009，52：285-309.

[61] Heinnickel M，Smith S C，Koo J，et al. A bioassay for the detection of perchlorate in the ppb range. Environmental Science & Technology，2011，45（7）：2958-2964.

[62] Ford C L，Park Y J，Matson E M，et al. A bioinspired iron catalyst for nitrate and perchlorate reduction. Science，2016，354（6313）：741-743.

[63] Thrash J C，Trump J I V，Weber K A，et al. Electrochemical stimulation of microbial perchlorate reduction. Environmental Science & Technology，2007，41（5）：1740-1746.

[64] Yates M D，Cusick R D，Logan B E. Extracellular palladium nanoparticle production using *Geobacter sulfurreducens*. ACS Sustainable Chemistry & Engineering，2013，1（9）：1165-1171.

[65] Guo J，Lian J，Xu Z，et al. Reduction of Cr（Ⅵ）by *Escherichia coli* BL21 in the presence of redox mediators. Bioresource Technology，2012，123：713-716.

[66] Chen Z，Wang Y，Jiang X，et al. Dual roles of AQDS as electron shuttles for microbes and dissolved organic matter involved in arsenic and iron mobilization in the arsenic-rich sediment. The Science of the Total Environment，2017，574：1684-1694.

[67] Yamamura S，Watanabe M，Kanzaki M，et al. Removal of arsenic from contaminated soils by microbial reduction of arsenate and quinone. Environmental Science & Technology，2008，42（16）：6154-6159.

第二篇　生物介体催化技术

第3章 介体强化偶氮染料生物脱色

染料废水处理以生物法为主,其中厌氧-好氧组合工艺可实现染料污染物的高效去除。但由于厌氧微生物世代周期长,导致厌氧阶段启动和处理时间较长,影响了该工艺的处理效率。如何提高厌氧阶段污染物的降解速率成为提高工艺处理效率、降低运行成本的关键。在厌氧生物降解过程中引入氧化还原介体能加速电子供体与电子受体间的电子传递速率,从而促进染料的脱色过程[1-3]。因此,氧化还原介体强化偶氮染料生物厌氧脱色作为一种具有潜在应用价值的技术受到国内外的关注。

黄素单核苷酸和核黄素等黄素类化合物以及蒽醌-2-磺酸钠(AQS)、蒽醌-2,6-二磺酸钠(AQDS)、2-羟基-1,4-萘醌等醌类化合物,已被广泛报道可作为氧化还原介体强化偶氮染料的厌氧生物脱色过程[4-6]。其中,崔姗姗等[7]在厌氧条件下,研究了水溶性 AQS、AQDS 和对苯醌等对酸性橙Ⅶ(AO$_7$)脱色体系的影响。结果表明,AQDS 与 AQS 对染料脱色过程的促进效果最佳,反应速率常数分别提高了 2.0 倍和 7.6 倍。方连峰等[8]研究表明,AQDS 对活性艳红 KE-3B 生物脱色的过程具有加速作用,在 AQDS 浓度小于 10mg/L 时,介体浓度和偶氮染料的脱色速率呈正相关。水溶性介体虽然可以和污染物充分接触,便于电子的传递,形成类似均相催化的反应体系,提高了染料的脱色效率,但在实际操作过程中介体需要连续投加以保证强化效果,不仅增加了运行成本,且介体的流失容易引起二次污染。为了克服水溶性介体存在的缺陷,介体的固定化技术越来越受到研究者的重视。本章通过反应体系 ORP 的变化、介体的循环伏安特性、电子传递机制及介体化学结构特点等方面,阐明了介体强化生物脱色过程与微生物的电子传递、取代基位置和数量、介体强化反应的可逆性和化学活性之间的内在联系。

3.1 固定化醌类介体强化偶氮染料生物脱色

为了避免水溶性介体连续投加及二次污染的问题,研究者将一些强化效能高的介体通过包埋、染色、修饰等过程将介体固定在各式各样载体材料的内部或者表面，以制备得到固定化介体。Van der Zee 等[9]尝试定向改性活性炭，以增加其表面醌基功能团的数量，用于提高偶氮染料的脱色速率。Guo 等[10, 11]通过固定化蒽醌加速了 3 株耐盐菌对偶氮染料的生物脱色过程，同时介体可长期保留在生物处理单元中，解决水溶性介体二次污染"瓶颈"问题，为强化生物厌氧脱色提供了新思路。

3.1.1　海藻酸钙固定化醌类介体对脱色速率的影响

采用海藻酸钙固定化法，将醌类介体进行固定，以避免介体连续投加及其造成的二次污染问题。海藻酸钙固定法中，选取 1,5-二氯蒽醌、1,8-二氯蒽醌、1,4,5,8-四氯蒽醌和蒽醌四种醌类化合物作为氧化还原介体，这四种醌类介体具有相似的化学结构，但氯取代基的位置及数量不同，其结构式如图 3.1 所示。

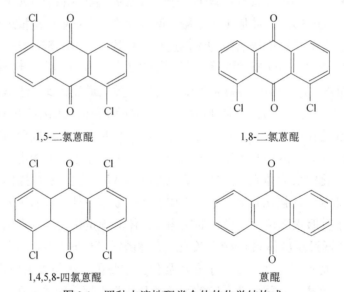

1,5-二氯蒽醌　　　　　　　　　　1,8-二氯蒽醌

1,4,5,8-四氯蒽醌　　　　　　　　　蒽醌

图 3.1　四种水溶性醌类介体的化学结构式

固定化蒽醌类小球颜色为淡黄色，根据固定化醌类介体的不同，小球颜色略有变化，小球直径为 3～4mm，根据差量法计算每粒小球含醌物质的量约为 3μmol，如图 3.2（a）。图 3.2（b～d）为固定化醌类介体小球内部结构的电镜扫描照片，海藻酸钙固定的醌小球内部具有丰富的空隙，这有利于微生物与固定化介体的接触，从而促进了介体强化微生物对污染物的降解。

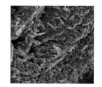

（a）固定化蒽醌小球　　（b）×700倍　　　（c）×2000倍　　　（d）×5000倍

图 3.2　固定化醌介体外观及其内部结构

1. 介体种类对脱色速率的影响

初始酸性红 B 浓度为 200mg/L 条件下，四种固定化醌类介体均对该染料的厌氧脱色过程具有加速作用，如图 3.3 所示。由于醌基官能团含碳氧双键，具备较高的反应活性，易发生氧化还原反应，因此可加速染料生物脱色过程的电子传递[12]。然而，四种醌介体的加速效果不同，以 1,5-二氯蒽醌加速酸性红 B 脱色效果最为显著，介体强化性能强弱顺序为：1,5-二氯蒽醌>1,8-二氯蒽醌>蒽醌>1,4,5,8-四氯蒽醌。对于结构相似的醌类介体，加速效果却存在差异性，推测是由于取代基的位置与数量不同而引起的。醌介体强化效果与其化学结构之间的关系，通过取代基定位效应与量子计算理论在本章 3.3.4 小节中进行详细的探讨。

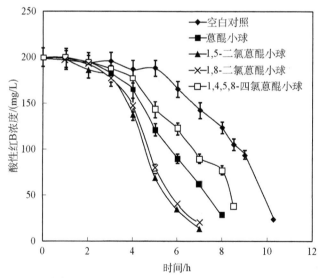

图 3.3　四种海藻酸钙固定化醌类介体对酸性红 B 脱色速率的影响

2. 介体浓度对脱色速率的影响

以加速效果最为显著的固定化 1,5-二氯蒽醌介体为例，在一定浓度范围内，介体投加浓度越大，加速作用越明显，如图 3.4 所示。酸性红 B 脱色过程初期存在停滞阶段，这一方面是由于微生物对脱色环境有适应过程，如溶解氧、氧化还原电位等条件。另一方面则是染料脱色需要多种酶的协同作用，当微生物受到染料的刺激后，才会产生与之相关的细胞信息，并调节细胞代谢（如微生物数量的改变及其酶的分泌或表达），最终使染料生物脱色。随后，酸性红 B 在微生物的作用下稳定快速脱色，且脱色速率随介体投加浓度的升高而加快。介体浓度范围为 0～12mmol/L 时，固定化 1,5-二氯蒽醌对酸性红 B 脱色速率随着投加浓度的增加，介体浓度与酸性红 B 脱色反应速率常数呈线性关系 $k=3.2594c_{1,5-二氯蒽醌}+22.447$。介体浓度大于 12mmol/L 时，介体浓度的增加并没有显著提高脱色速率，脱色速率常数 k 基本保持不变。通过相对较高浓度介体的强化作用，微生物可能接近或达到了其电子传递速率的上限，因此脱色速率并没有随介体浓度增加而持续增加。

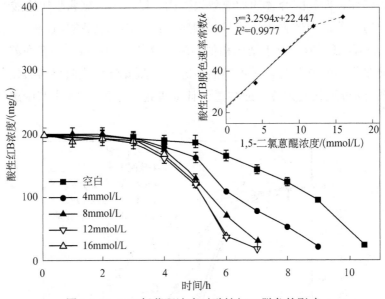

图 3.4　1,5-二氯蒽醌浓度对酸性红 B 脱色的影响

3.1.2　醌基修饰载体对染料生物脱色的加速作用

以化学修饰的方式进行醌基染料修饰载体的制备。选取四种蒽醌染料（分散翠蓝 S-GL、分散红 3B、分散紫 HFRL 和分散蓝 2BLN）作为备选的氧化还原介体，其化学结构如图 3.5 所示。分别选用涤纶布、化纤填料和醛化丝作为载体选择对象，其中，以涤纶布作为载体修饰效果最好。制备完成后，将蒽醌染料修饰的涤纶布取出洗净晾干，备用。

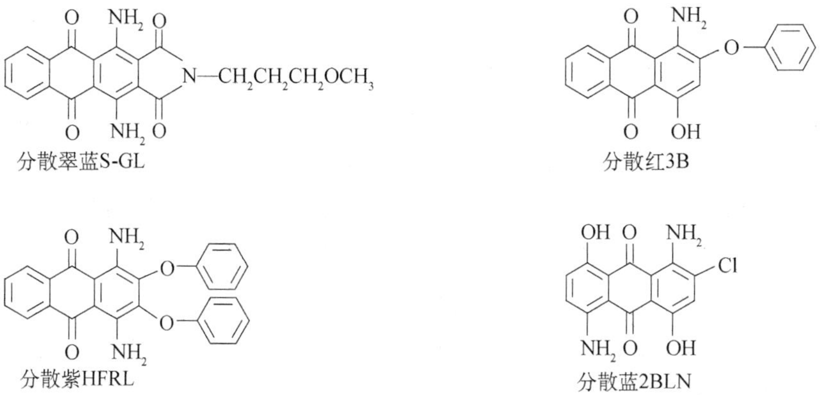

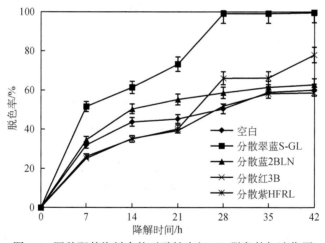

图 3.5　四种蒽醌染料的化学结构式

1. 醌基染料介体的强化染料脱色性能

四种蒽醌染料修饰的涤纶布作为功能介体，初始酸性大红 GR 浓度为 50mg/L，并加入菌体，30℃厌氧静置培养，酸性大红 GR 的脱色率如图 3.6 所示。结果表明，分散红 3B 对偶氮染料生物脱色存在抑制作用；而分散蓝 2BLN 和分散紫 HFGL 对酸性大红 GR 生物脱色的加速作用不明显；分散翠蓝 S-GL 则可提高该染料脱色率 1.5～2.0 倍，因此分散翠蓝 S-GL 作为优选的氧化还原介体。

图 3.6　四种醌基染料介体对酸性大红 GR 脱色的加速作用

2. 醌基修饰载体强化染料脱色的广谱性

分散翠蓝 S-GL 介体修饰的涤纶布对酸性大红 GR 的脱色过程具有良好的加速效果。但在实际应用过程中，常面临多种染料废水的脱色，因此考察新型醌基修饰载体强化不同染料脱色效果的广谱性变得尤为重要。选取常用的 10 种染料，其应用类型涉及酸性（3 种）、活性（1 种）、直接（3 种）、分散（2 种）等，结构类型涉及单偶氮 6 种（酸性红 B、活性艳红 M-8B、酸性大红 3R、酸性橙Ⅱ、分散大红 S-BWFL、分散深蓝 HGL）、双偶氮染料 3 种（直接湖蓝 5B、直接桃红 12B、酸性大红 GR）、多偶氮染料 1 种（直接耐晒黑 G）。在脱色体系中分别加入适量的分散翠蓝 S-GL 修饰载体及菌液，以添加相同质量的空白涤纶布及不加涤纶布作为空白对照。不加涤纶布的对照组脱色率最低，而未修饰分散翠蓝 S-GL 介体的涤纶布脱色率比不添加涤纶布的对照组略高，这是由于涤纶布对染料的吸附作用所致。添加分散翠蓝 S-GL 修饰的涤纶布后，10 种染料的脱色率均有不同程度的提升，说明修饰分散翠蓝 S-GL 介体的涤纶布强化不同偶氮染料生物脱色具有广谱性，但其对 10 种偶氮染料的脱色过程呈现不同的加速效果，这可能与染料的结构有关，结果如图 3.7 所示。

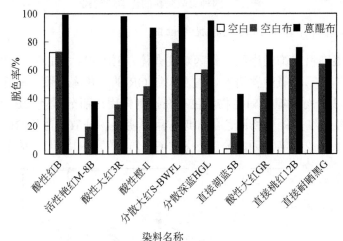

图 3.7　醌基修饰载体对不同染料脱色速率的促进作用

3.1.3　AQS 改性的磁性纳米粒子强化偶氮染料生物脱色

基于固定化介体载体尺寸，可分为宏观尺寸载体和微观尺寸载体固定化技术。海藻酸钙固定法和醌基修饰涤纶布固定法制备的介体属宏观尺寸载体的固定化技术。以上两种固定化技术虽然有效地避免了水溶性介体易流失、连续投加和二次污染的问题，但是宏观尺寸载体的比表面积小，介体修饰率较低，并且宏观尺寸的介体功能材料常为疏水性，传质阻力大，这都影响了介体的强化性能。而对于微观尺寸载体固定化技术，其载体具有更大的比表面积，可提高介体的固载率，但是微观尺寸载体存在粒径小、不易分离和易流失的弊端。为克服微观尺寸固定化技术的缺点，利用氨基修饰的磁性 Fe_3O_4 纳米粒子作为固定化载体材料，与蒽醌-2-磺酰氯经缩合反应，制备得到活性高、性能稳定、易于分离的新型微观尺寸固定化介体功能材料——AQS 改性磁性纳米粒子（FeSi@AQS）。该新型功能介体不仅具有纳米材料比表面积大、粒径小、传质阻力小的特性，且在外加磁场作用下易于回收及重复利用。

1. AQS 改性的磁性纳米粒子（FeSi@AQS）强化脱色性能

FeSi@AQS 对活性艳红 K-2BP 的生物脱色过程有强化作用，在 FeSi@AQS 浓度为 $10\sim40$mg/L 范围内，强化效率与 FeSi@AQS 浓度呈正相关（图 3.8），介体强化偶氮染料脱色过程符合零级动力学（图 3.9）。FeSi@AQS 对生物脱色表现较高的强化作用与所选用的氧化还原介体及固定化载体材料特性相关。蒽醌类化合物的活性关键在于 $C{=\!=}O$ 的反应活性，氧原子所带负电荷越少，活性越强。$C{=\!=}O$ 键邻位的 H 原子被磺酸基取代，磺酸基的吸电子效应使氧原子所带的负电荷减少，活性增强，因此 AQS 具有很强的氧化还原活性。

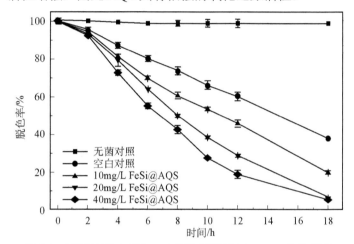

图 3.8　不同浓度 FeSi@AQS 强化活性艳红 K-2BP 生物脱色

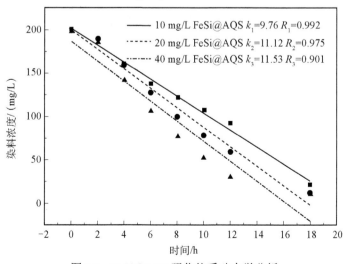

图 3.9　FeSi@AQS 强化体系动力学分析

动态光散射分析显示,制备的 Fe_3O_4 和 FeSi@AQS 的粒径主要分布在 60~70nm 和 150~160nm 之间,具备纳米材料特性,如图 3.10 所示。当材料的尺寸进入纳米级时,会产生许多传统材料不具备的特性,主要包括表面效应、体积效应、量子尺寸效应和宏观量子隧道效应。FeSi@AQS 比表面积大且表面原子具有配位不饱和性,这导致存在大量悬键和不饱和键,使 FeSi@AQS 的化学活性和固载率提高。同时,纳米材料结构单元的尺寸小,使固定化纳米功能材料与污染物的有效接触面积增大。FeSi@AQS 功能材料通过超声作用,可均匀分散在水体中[图 3.11(a)],以减少传统固定化介体较大的传质阻力,实现拟均相催化,即 FeSi@AQS 与污染物处于近似均匀水相中。FeSi@AQS 可以借助外力磁场的作用,从废水中分离出来,便于回收,同时避免了对水体的二次污染,如图 3.11(b)。图 3.11(c)为通过超声作用,FeSi@AQS 再次均匀分散于水体中,以便二次利用。FeSi@AQS 结合了均相催化和多相催化的优点,不仅对活性艳红 K-2BP 脱色具有明显的强化效果,并且 FeSi@AQS 功能材料克服了催化剂难以分离、回收和再生的缺点。

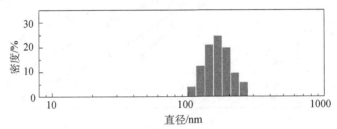

图 3.10　FeSi@AQS 的粒径分析

图 3.11　FeSi@AQS 在外加磁场作用下实现磁分离

2. FeSi@AQS 强化稳定性及其强化染料脱色的广谱性

在磁场的作用下将脱色体系中的 FeSi@AQS 回收,并对回收的功能介体进行重复性的生物脱色实验。当重复使用 6 次后,脱色率保持在 90% 以上(图 3.12)。表明磁分离可有效回收 FeSi@AQS,且回收的功能介体强化性能稳定。

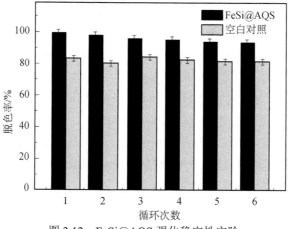

图 3.12 FeSi@AQS 强化稳定性实验

此外，选取了四种常用的偶氮染料，分别为活性艳橙 X-GN、酸性金黄 G、活性紫 K-3R 和直接耐晒黑 G。FeSi@AQS 对这四种不同偶氮染料的厌氧生物脱色过程均有 1.2～1.5 倍不同程度的强化作用，说明 FeSi@AQS 固定化介体强化偶氮染料生物脱色具有一定的广谱性，如图 3.13 所示。

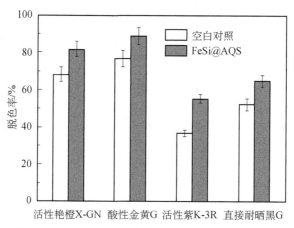

图 3.13 FeSi@AQS 强化偶氮染料生物脱色广谱性

3.2 固定化非醌类介体强化偶氮染料脱色

目前关于介体强化染料生物脱色的研究主要集中在醌类氧化还原介体，而对非醌类介体的种类、存在形式和强化机理等方面的探讨相对较少。本节选取一种非醌类氧化还原介体（3-氨基-6-二甲氨基-2-甲基吩嗪盐酸盐，NR）-中性红，其水溶液呈红色，是一种吩嗪类染料，它能够在电极上发生电化学聚合，是一种性能优良的电子介体。而对于固定化介体的载体材料，如海藻酸钙和醌基修饰涤纶布等，存在亲水性差的缺点，并最终影响了介体强化性能。而聚丙烯酸水凝胶具有良好的溶胀性、亲水性及生物相容性等优点。以聚丙烯酸水凝胶作为介体固定化的载体材料，可有效克服海藻酸钙、涤纶布等载体材料亲水性差的缺点。因此，利用该种材料固定化非醌类氧化还原介体-中性红，旨在使固定化介体克服多相催化的壁垒，在体系中实现类似准均相催化反应，以加速偶氮染料的厌氧脱色过程。脱色染料活性艳红 K-2BP、中性红的化学结构及中性红改性聚丙烯酸水凝胶介体（PAA-NR）的合成过程如图 3.14 所示。

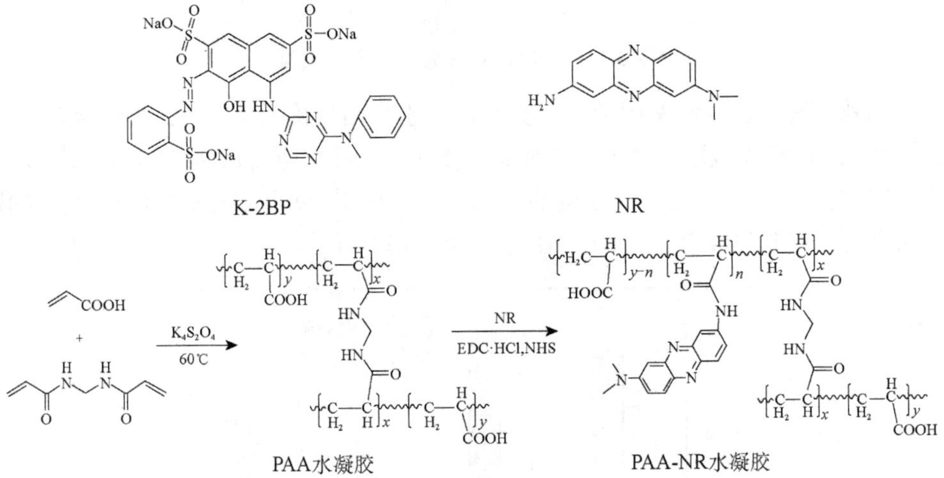

图 3.14 染料和介体结构式及 PAA-NR 合成示意图

3.2.1 中性红改性聚丙烯酸（PAA-NR）水凝胶强化偶氮染料生物脱色

经缩合反应制备得到中性红改性聚丙烯酸（PAA-NR）水凝胶，其强化活性艳红 K-2BP 脱色的效果如图 3.15 所示。在无菌条件下，添加 PAA-NR，活性艳红 K-2BP 脱色率在 2%以内，说明固定化介体在活性艳红 K-2BP 脱色过程中的吸附及化学作用可忽略不计。加入 PAA-NR 介体后，使微生物快速进入脱色反应状态，在反应的前 2h 脱色率达到 90%，是未加介体实验体系脱色速率的 13.5 倍。该实验结果优于 Amezquita 等[13]采用经 AQDS 改性的活性炭所达到的 1.97 倍的催化效率和 Cervantes 等[14]利用离子交换树脂固定腐殖质达到的 2 倍的催化效率，以及 Yuan 等[15]使用醌改性陶瓷达到的 2.3～6.4 倍的催化效率。

PAA-NR 实现了较高强化性能，与其固定化所选用氧化还原介体和载体材料具有相关性。首先，中性红作为一种吩嗪类物质，具有氧化还原活性，并可强化还原多种污染物。其次，载体材料聚丙烯酸水凝胶具有介于液体与固体之间的三维网络结构，是一种能吸收大量水分溶胀而不溶解的高分子聚合物。以聚丙烯酸水凝胶固定中性红介体后的功能材料——PAA-NR 同时具备了水凝胶和介体的特性。较高的溶胀率使 PAA-NR 在强化体系中实现类似准均相催化的效果。而且，PAA-NR 具备 100μm 左右的孔径，使水中微生物可在其中随水的流动自由穿梭，有效降低了传质阻力。此外，孔状结构增大了凝胶的比表面积，介体固载率高（通过差量法计算 PAA-NR 上的中性红的浓度为45.3mg/g），从而实现了高强化性能。

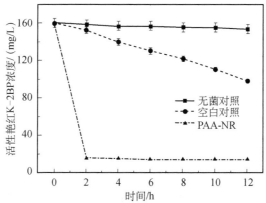

图 3.15　PAA-NR 强化活性艳红 K-2BP 生物脱色

NR 有效浓度为 0.3mmol/L

3.2.2　PAA-NR 的强化稳定性

PAA-NR 在具备高效的强化效果的同时，还具备良好强化稳定性。当 PAA-NR 介体加速活性艳红 K-2BP 脱色实验重复 6 次后，脱色率仍保持在 90%以上，说明 PAA-NR 对脱色过程具有稳定强化效果（图 3.16）。

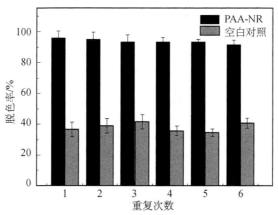

图 3.16　PAA-NR 的强化稳定

3.3 固定化醌类介体强化生物脱色机理

固定化醌类介体对染料生物脱色具有良好的加速效果，这可能是由于醌类介体具有易于得失电子的特性，可加速电子供体与电子受体间的电子传递过程。通过生物化学（氧化还原电位、电子传递抑制剂）、电化学（循环伏安法）和结构化学（取代基定位效应和密度泛函 B3LYP 法）3 个层次，探讨固定化醌类介体强化酸性红 B 厌氧生物脱色的机理，并讨论了醌类介体的结构与其强化性能之间的关系。

3.3.1 醌介体强化酸性红 B 脱色过程中氧化还原电位变化

以加速效果较为显著的海藻酸钙固定 1,5-二氯蒽醌介体为例，考察介体加速偶氮染料脱色过程中氧化还原电位（ORP）的变化情况，如图 3.17 所示。在染料脱色过程中，对照组与投加固定化介体的脱色体系中，ORP 变化趋势基本相同，即 ORP 逐渐从高到低变化。脱色反应初期，由于体系中含有溶解氧，导致体系内 ORP 较高，脱色效率低。随着溶解氧的不断消耗，ORP 快速降低至−225mV 附近，体系逐步转变为厌氧环境，脱色反应在厌氧环境开始发生。随后，ORP 由−225mV 逐渐降低至−330mV 左右，脱色率也开始增加，此时脱色反应为体系内主反应，直

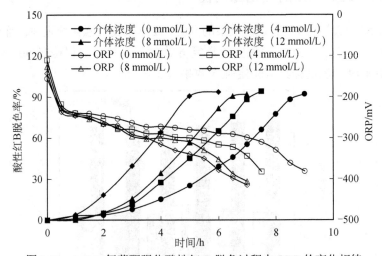

图 3.17　1,5-二氯蒽醌强化酸性红 B 脱色过程中 ORP 的变化规律

至该反应大致完成。随后，ORP 继续下降，由于每种代谢都有适宜的氧化还原电位范围，说明脱色反应基本完成后进入另一个生化反应阶段[16]。值得注意的是，投加醌类介体浓度越大，ORP 降低越快，可使反应体系更为快速地达到脱色反应所适宜的氧化还原环境。而且，介体强化体系稳定的 ORP 范围也略有降低。微生物对偶氮染料的生物脱色过程实质是氧化还原反应中电子和氢质子传递过程，电子通过载体向高电势传递，直至最终电子受体。固定化醌介体的添加，加速电子传递并促进偶氮染料的还原过程，这使得介体强化脱色体系稳定的 ORP 略有下降，同时相对较低的 ORP 也更有利于染料厌氧脱色过程的进行。

3.3.2　醌介体强化生物脱色过程中的电子传递特性

偶氮染料的脱色过程中，涉及一系列的氧化还原反应，电子从最初电子供体传递至电子受体。选取四种典型的电子传递链抑制剂：$CuCl_2$、NaN_3、双香豆素和鱼藤酮（抑制剂的特性见 1.2.4 节）。通过切断或抑制特定部位的电子传递途径，以确定固定化醌类介体在厌氧偶氮还原过程中加速电子传递的作用位点。初始酸性红 B 浓度为 200mg/L 条件下，固定化 1, 5-二氯蒽醌投加浓度为 2.4mmol/L，并以相同体积未包埋介体的海藻酸钙小球为对照，同时加入抑制剂。考察电子传递抑制剂对酸性红 B 脱色反应及介体强化性能的影响，结果如图 3.18～图 3.21 所示。

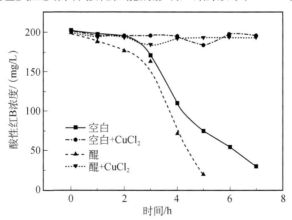

图 3.18　$CuCl_2$ 对酸性红 B 脱色反应的影响

由四种抑制剂对酸性红 B 的脱色效果的影响可知，加入任一种电子传递抑制剂都一定程度上对酸性红 B 的脱色反应产生抑制。但 $CuCl_2$ 和 NaN_3 对脱色反应的抑制效果最明显，而且醌介体的加入并不能缓解 $CuCl_2$ 和 NaN_3 的抑制作用。$CuCl_2$ 可与呼吸链始端 NADH 脱氢酶的 Fe-S 蛋白的活性中心结合，破坏蛋白活性中心，进而抑制复合体 I 传递电子，阻碍染料分子接受电子，最终抑制脱色过程[17]；NaN_3 通过抑制细胞色素 c 氧化酶，阻断电子在复合体 IV 内的传递[18]。这说明 Cu^{2+} 和 N$_3^-$ 所抑制的电子传递位点，彻底阻断了电子转移的途径，而醌介体并不在该电子传递位点起作用。

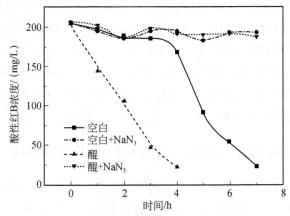

图 3.19　NaN$_3$ 对酸性红 B 脱色反应的影响

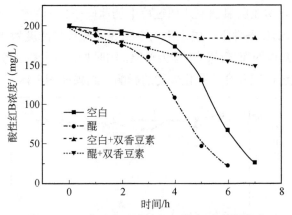

图 3.20　双香豆素对酸性红 B 脱色反应的影响

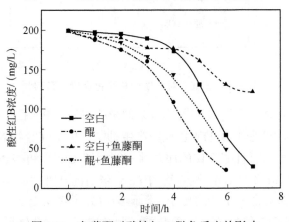

图 3.21　鱼藤酮对酸性红 B 脱色反应的影响

相比之下，双香豆素对酸性红 B 的生物脱色过程也有严重的抑制作用，但醌介体对双香豆素的抑制有缓解作用，然而脱色速率依然远远小于不加抑制剂的空白体系。双香豆素对厌氧呼吸链中甲基萘醌氧化态与还原态的转化具有抑制作用，而醌介体可通过自身氧化态和还原态之间转化进行电子转移，一定程度上代替甲基萘醌向 NADH-甲基萘醌氧化还原酶进行电子转移[19]。另外，由于甲基萘醌和醌介体的化学结构相似，双香豆素在抑制甲基萘醌传递电子的同时也影响了醌介体的电子传递性能，因此醌介体的加入对双香豆素抑制作用的缓解程度有限。

鱼藤酮通过抑制 NADH-辅酶 Q 氧化还原酶，从而阻断了复合体 I 向辅酶 Q 传递电子[20]。鱼藤酮对生物脱色过程具有严重抑制作用，但加入醌介体可有效缓解其抑制作用。这说明醌介体很可能在鱼藤酮所抑制的位点起到替代 NADH 向偶氮还原酶传递电子的作用，或者醌介体和 NADH 协同作用，共同向偶氮还原酶传递电子。电子传递链上电子传递抑制剂抑制位点和醌作用位点见图 3.22。

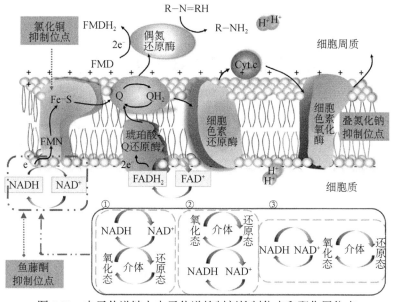

图 3.22　电子传递链上电子传递抑制剂抑制位点和醌作用位点

3.3.3　介体循环伏安特性与介体强化性能的关系

酸性红 B 生物脱色过程中，醌类介体可能加速 NADH 向偶氮还原酶的电子传递过程。脱色过程中涉及醌类介体的得失电子，因此其氧化态和还原态之间的转化对电子传递至关重要。通过循环伏安法，利用在扫描电势范围内电极表面交替发生不同的氧化还原反应以检测物质的可逆性，考察取代基的位置及数量对醌介体氧化还原活性的影响。电化学系统采用三电极体系，以铂碳电极（d=3mm）为工作电极，铂丝为辅助电极，饱和甘汞电极（SCE）为参比电极，四种醌介体的循环伏安图见图 3.23~图 3.26。

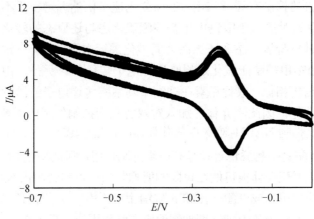

图 3.23　蒽醌循环伏安图

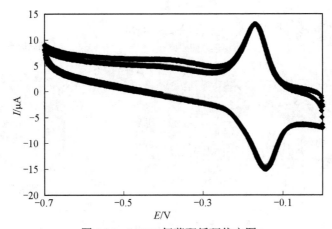

图 3.24　1, 5-二氯蒽醌循环伏安图

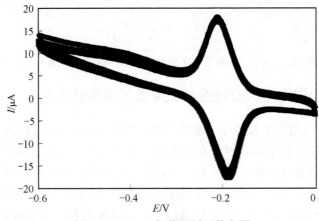

图 3.25　1, 8-二氯蒽醌循环伏安图

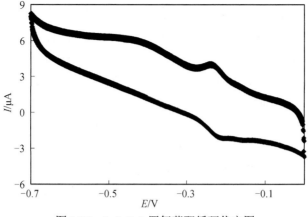

图 3.26　1, 4, 5, 8-四氯蒽醌循环伏安图

由循环伏安图 3.23～图 3.26，可获得四种醌介体相应的峰电位和峰电流值（见表 3.1）。通过 Nernst 方程，25℃ 其阳极和阴极峰电位差如符合 $\Delta E = E_{\text{pa}} - E_{\text{pc}} = （57～63）/n$ mV，可判断电极反应的可逆性。其中，ΔE 为阳极峰电位与阴极峰电位的差值，mV；E_{pa} 为阳极峰电位，mV；E_{pc} 为阴极峰电位，mV；n 为电子转移数。

表 3.1　醌介体循环伏安相关值

介体	E_{pa}/mV	E_{pc}/mV	ΔE/mV	E_0'	i_{pa}	i_{pc}	i_{pa}/ i_{pc}
蒽醌	−199	−233	34	−216	4.235	7.478	0.57
1, 5-二氯蒽醌	−148	−178	26	−161	14.405	13.028	1.10
1, 8-二氯蒽醌	−187	−211	24	−199	15.951	17.671	0.90
1, 4, 5, 8-四氯蒽醌	−206	−239	33	−222	2.130	4.061	0.52

从峰电位和峰电流两方面分析四种醌介体的氧化还原活性如下：首先，由可逆电极反应的判断依据为 $\Delta E = E_{\text{pa}} - E_{\text{pc}} = （57 - 63）/n$（mV），该过程转移电子数 $1 < n < 2$，接近于 2[21]。由表 3.1 可知，这 4 种醌介体 ΔE 都接近于（57-63）/n mV，因此醌介体皆为半可逆电子传递反应。另一方面，在 −0.7～0.0V 范围内，以 0.01～0.08V/s 的扫描速度对 10^{-5}mol/L 的 1, 5-二氯蒽醌（pH=1.0）进行循环伏安扫描。结果表明，扫速不同，峰电位差不同，即该氧化还原过程的可逆性不同，与半可逆电子传递反应性质一致，如图 3.27 所示。

偶氮染料分子较低的氧化还原电位是脱色反应的限速步骤之一，因此醌类化合物作为有效的电子穿梭体，其理想的氧化还原电位标准值（E_0'）位于初级电子供体氧化电位和末端偶氮染料还原电位之间[22]。由于 NADH 在所有辅酶中具有最低的氧化电势 −320mV，如果醌介体 E_0' 低于此值，NADH 将无法传递电子至醌介体。另一方面，由于偶氮染料脱色过程的还原电位在−320mV～−50mV 之间，如果醌介体 E_0' 高于−50mV，醌介体将无法传递电子至偶氮染料[23, 24]。由表 3.1 可知，四种醌介体 E_0' 都位于 NADH 的氧化电位和偶氮染料的还原电位之间，表明这四种醌类化合物都具备作为氧化还原介体的能力。

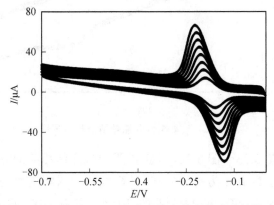

图 3.27   扫速对 1, 5-二氯蒽醌峰电位和峰电流的影响

i_{pa}/i_{pc} 表示阳极和阴极的峰电流之比，由于可逆电子转移反应的峰电流之比为 1，因此电流之比与 1 的接近程度可反映醌介体氧化还原可逆性的强弱，即电子传递活性。由表 3.1 可知，1, 5-二氯蒽醌和 1, 8-二氯蒽醌的阳极和阴极峰电流之比值分别为 1.10 和 0.90，表明 1, 5-二氯蒽醌和 1, 8-二氯蒽醌具有较好的氧化还原可逆性。该特性与以上两种介体强化酸性红 B 脱色反应效果最佳，且脱色速率接近的实验结果相符。

3.3.4   醌介体强化效果与其化学结构活性相关性分析

1. 取代基定位效应分析

在酸性溶液中，醌还原反应的机理是：H^+ 进攻醌环上羰基的碳，打开羰基上的 π 键，使苯环上带正电荷，O 原子带负电荷。当体系得一个电子发生还原反应后，H^+ 转移到 O^{2-} 上，形成—OH。蒽醌为平面结构，所有的碳原子均是 sp^2 杂化的，是十四中心十四电子的离域大 π 键体系。蒽醌中羰基上的氧原子与碳形成一个 σ 键，一个 π 键，羰基上的 π 键与蒽环形成离域大 π 键体系。

当邻位的 H 原子被 Cl 原子取代时，Cl 原子与蒽醌存在着两种效应，一种是 Cl 原子的吸电子效应，另外一种是 Cl 原子中 p 轨道上的原子与蒽醌 π 电子的共轭效应。两个 Cl 原子取代蒽醌环上的 H 原子时，Cl 原子的吸电子效应占据主导地位。因此二氯蒽醌的共轭稳定性弱于蒽醌，即 1,5-二氯蒽醌更易于失电子，反应活性更强。对于 1,8-二氯蒽醌，由于两个 Cl 原子在蒽醌环的同侧，相邻较近，导致 p-π 共轭效应相对于相邻较远的 1,5-二氯蒽醌显著。因此，1,8-二氯蒽醌比 1,5-二氯蒽醌更稳定，更不容易得失电子，反应活性也会更差。对于 1,4,5,8-四氯蒽醌，四个对称的 Cl 原子取代蒽醌环上的 H 原子，Cl 原子的共轭效应占据主导地位，相距较近两个 Cl 原子的 p 电子与蒽醌环上的 π 电子形成了大的 p-π 共轭。这个共轭体系较蒽醌、1,5-二氯蒽醌和 1,8-二氯蒽醌更加稳定，因此更不容易得失电子。综上所述，四种醌的反应活性强弱为 1,5-二氯蒽醌>1,8-二氯蒽醌>蒽醌>1,4,5,8-四氯蒽醌，而这与醌介体加速酸性红 B 脱色的快慢顺序相符。

2. 量子计算理论-密度泛函 B3LYP 法

采用密度泛函 B3LYP 方法的量子化学计算在 6-311G（d）基组水平上对上述四个分子进行了构型优化。根据 Bader 等提出的"分子中的原子（AIM）"理论，对研究体系进行电子密度拓扑分析[25]。计算采用 Gaussian 03 程序包完成，电子密度拓扑分析使用 AIM2000 程序完成[26, 27]。

根据 Bader 等提出的"分子中的原子"理论，电荷密度的拉普拉斯（Laplacian）量 $\nabla^2\rho$ 是电荷密度 ρ（rc）的二阶导数，并且有 $\nabla^2\rho = \lambda_1 + \lambda_2 + \lambda_3$，此处 λ_i 为键鞍点处电荷密度 Hessian 矩阵的本征值。如果 Hessian 矩阵的三个本征值为两负一正，记作（3，−1）关键点，称为键鞍点（BCP），表明两原子间成键。如果分子中存在环状结构，则存在（3，+1）关键点，称为环鞍点（RCP）。AIM 分子图是体系电荷分布拓扑性质的直接表现，能准确地显示体系中的化学键结构。图 3.28 为计算所得的 AIM 分子图，蒽醌中有三个环状结构存在，对中间 RCP 的性质进行分析，得到四个分子中 RCP 处的电荷密度 ρ 分别为：蒽醌：0.0164；1,5-二氯蒽醌：0.0005；1,8-二氯蒽醌：0.0158；1,4,5,8-四氯蒽醌：0.0185。Howard 等的研究表明，RCP 处的电荷密度 ρ 与体系的芳香性有关：RCP 处电荷密度 ρ 越大，体系的芳香性越强。因此可以得出 RCP 处电荷密度 ρ 越大，电子的离域效应越大，浓集在环上的负电荷越多，而浓集于 O 原子上的负电荷就越少，体系越不容易失去电子，还原活性也就越差。计算得到的 RCP 处 ρ 由小到大顺序为：1,5-二氯蒽醌<1,8-二氯蒽醌<蒽醌<1,4,5,8-四氯蒽醌，这与醌介体强化能力强弱顺序一致。

通过取代基定位效应和量子计算理论——密度泛函 B3LYP 法两方面定性分析醌介体化学结构上氯取代基对苯环的电子分布效应和氧化还原活性的关系，氯取代基对蒽环具有吸电子和共轭两种相对效应，其数量和位置的不同共同决定对蒽环的主导效应，从而对醌介体的氧化还原活性产生影响；计算蒽环上环靶点处电荷密度（ρ），发现 ρ 越大，浓集于 O 原子上的负电荷就越少，体系越不容易失去电子，体系还原活性也就越小。

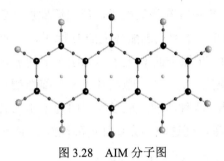

图 3.28　AIM 分子图

3.4　固定化非醌类介体强化生物脱色机理

大多数偶氮染料含有磺酸基且分子量较高，故不能穿越细胞膜，对于这类染料分子胞外脱色主要依靠非特异性偶氮还原酶，而电子向胞外的传递依赖位于细胞膜上细胞呼吸链的电子传递机制。采用抑制剂阻断电子传递位点的方法，对中性红改性聚丙烯酸（PAA-NR）水凝胶强化活性艳红 K-2BP 厌氧脱色的电子传递机理进行研究。

3.4.1　非醌介体强化生物脱色过程中的电子传递特性

选取六种典型的电子传递链抑制剂：辣椒素、叠氮化钠、双香豆素、QDH、鱼藤酮和氯化铜（其特性见 2.4 小节），通过切断或抑制生物脱色反应中特定位点的电子传递途径，以确定 PAA-NR 体系偶氮染料生物脱色的电子传递机制。

1. 辣椒素对脱色的影响

辣椒素明显抑制了活性艳红 K-2BP 的厌氧脱色过程，且浓度越大抑制作用越明显，如图 3.29 所示。辣椒素的抑制位点为 NADH 脱氢酶，通过抑制复合体 I 内的电子传递，从而阻断 NADH 向辅酶 Q 传递电子[28]。添加辣椒素对脱色过程产生了抑制作用，说明 NADH 参与了偶氮键的断裂。刘厚田等[29]的研究也表明，加入外源辅酶 NADH，偶氮还原酶活性明显提高，说明 NADH 可作为脱色过程电子供体。加入辣椒素后，PAA-NR 体系的脱色率高于空白对照，说明 PAA-NR 一定程度上缓解了辣椒素对电子传递的抑制作用。由此可知，活性艳红

K-2BP 的厌氧生物脱色有 NADH 脱氢酶的参与。电子由 NADH 最终传递给偶氮还原酶，而 PAA-NR 的存在，加速了电子传递过程，从而有效缓解了辣椒素的不完全抑制作用，促进了偶氮染料的脱色过程。

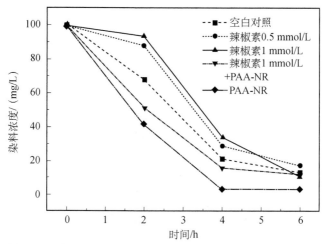

图 3.29　辣椒素对活性艳红 K-2BP 厌氧生物脱色过程的影响

2. 鱼藤酮对脱色的影响

鱼藤酮通过抑制 NADH-辅酶 Q 氧化还原酶，从而阻断了复合体 I 向辅酶 Q 传递电子[19]。图 3.30 表明，鱼藤酮并没有明显抑制活性艳红 K-2BP 的厌氧脱色过程，说明阻断电子向辅酶 Q 传递途径后没有对染料接受电子产生影响。这可能是由于活性艳红 K-2BP 厌氧脱色过程中，辅酶 Q 不是电子传递的必经途径。同时加入鱼藤酮和 PAA-NR 体系的脱色率明显高于空白对照，且与 PAA-NR 体系脱色速率相当，说明 PAA-NR 介体加速染料脱色过程也不受鱼藤酮影响。

3. CuCl₂ 对脱色的影响

CuCl$_2$ 明显抑制了活性艳红 K-2BP 的厌氧脱色过程，PAA-NR 则可大大缓解其对脱色过程的抑制，如图 3.31 所示。CuCl$_2$ 可与呼吸链始端 NADH 脱氢酶的 Fe-S 蛋白的活性中心结合，破坏蛋白活性中心，进而抑制复合体 I 传递电子，阻碍染料分子接受电子，最终抑制脱色过程[17]。同时加入 CuCl$_2$ 和 PAA-NR 后，染料的脱色速率高于空白对照，说明 PAA-NR 的加入很大程度上缓解了 CuCl$_2$ 对电子传递的抑制作用。由此可知，活性艳红 K-2BP 的厌氧生物脱色过程有复合体 I 的参与，NADH 脱氢酶的 Fe-S 蛋白是电子传递途径之一，PAA-NR 可在该位点起电子传递的作用。

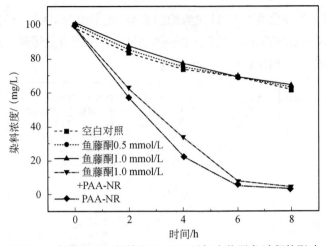

图 3.30 鱼藤酮对活性艳红 K-2BP 厌氧生物脱色过程的影响

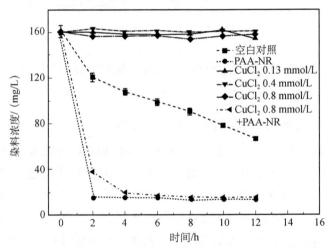

图 3.31 CuCl₂ 对活性艳红 K-2BP 厌氧生物脱色过程的影响

4. 喹吖因二盐酸对脱色的影响

喹吖因二盐酸（QDH）的加入对活性艳红 K-2BP 的厌氧脱色过程具有抑制效果，且抑制效果受抑制剂浓度的影响，随着 QDH 的浓度增大而逐渐增大，而 PAA-NR 对 QDH 抑制具有一定的缓解作用，如图 3.32 所示。QDH 抑制 FAD 脱氢酶参加电子传递过程，阻断了电子传递链复合体Ⅱ传递电子[30]。同时加入 QDH 和 PAA-NR 的体系脱色速率略低于空白对照组，说明 PAA-NR 的加入在一定程度上缓解了 QDH 对电子传递的抑制作用。由以上实验现象可知，复合体Ⅱ也是活性艳红 K-2BP 的厌氧脱色过程中电子的途径之一，PAA-NR 可在一定程度上替代 FAD 脱氢酶，并向复合体Ⅱ传递电子。

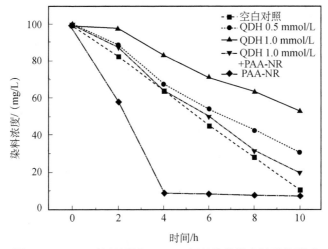

图 3.32　QDH 对活性艳红 K-2BP 厌氧生物脱色过程的影响

5. 双香豆素对脱色的影响

双香豆素通过抑制甲基萘醌，从而阻断了复合体Ⅲ接受电子[31]。通过实验组（双香豆素浓度分别为 0.5mmol/L 和 1mmol/L）与空白对照组结果可知，双香豆素没有对活性艳红 K-2BP 的厌氧脱色过程产生明显的抑制作用，说明阻断电子传向复合体Ⅲ的途径后，并没有阻碍染料接受电子，如图 3.33 所示。这可能是由于复合体Ⅲ不是活性艳红 K-2BP 的厌氧脱色过程中电子的传递途径。同时加入双香豆素和 PAA-NR 的体系脱色速率明显高于空白对照组，且与 PAA-NR 体系脱色速率相当，说明介体加速过程没有受抑制剂的影响。

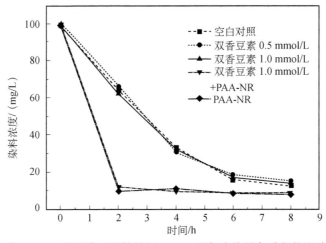

图 3.33　双香豆素对活性艳红 K-2BP 厌氧生物脱色过程的影响

6. NaN₃对脱色的影响

NaN₃通过抑制细胞色素 c 氧化酶,阻断电子在复合体Ⅳ内的传递[18]。如图 3.34 所示,NaN₃的加入并未影响活性艳红 K-2BP 的厌氧脱色过程,说明阻断电子在复合体Ⅳ内传递后并没有阻碍染料接受电子。这是因为复合体Ⅳ不是活性艳红 K-2BP 厌氧脱色过程中电子的传递途径。加入 NaN₃ 和 PAA-NR 后,染料脱色速率明显高于空白对照,且与 PAA-NR 体系脱色速率相当,说明介体强化生物脱色过程也未受抑制剂 NaN₃ 的影响。

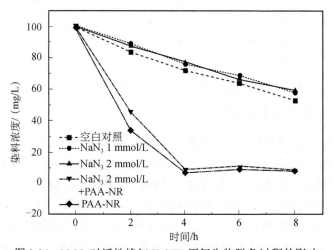

图 3.34　NaN₃对活性艳红 K-2BP 厌氧生物脱色过程的影响

3.4.2　PAA-NR 体系偶氮染料生物脱色的电子传递机制

偶氮还原酶是微生物分泌的用于偶氮染料脱色的主要酶类,它在一些辅酶如 NADH 和 FADH₂ 存在下可实现生物脱色[18]。实验中抑制剂鱼藤酮、CuCl₂ 和辣椒素被用来研究复合体Ⅰ是否参与了活性艳红 K-2BP 厌氧生物脱色过程。复合体Ⅰ强化电子从 NADH 向辅酶 Q 的传递,同时伴随着 4 个 H⁺的传递以及能量的释放[32]。而鱼藤酮和双香豆素对脱色过程没有明显的抑制,推断辅酶 Q、甲基萘醌和复合体Ⅲ可能不是电子的必经途径。而 QDH 对 FAD 脱氢酶的抑制作用影响了脱色过程的进行,说明复合体Ⅱ参与了此过程的电子传递。但是复合体Ⅳ通过转移两个电子和四个氢质子将体系中的 O₂ 还原成 H₂O,并伴随着能量的产生,NaN₃ 对复合体Ⅳ的抑制作用可能造成微生物产能减少,进而对脱色过程产生一定反作用,但作用不大。而 PAA-NR 的加入对辣椒素、CuCl₂ 和 QDH 抑制作用均有不同程度的缓解,说明固定化介体可促进偶氮染料的胞外还原过程,PAA-NR 的电子传递位点可能处在 Fe-S 蛋白和 FAD 脱氢酶附近。

综上所述，可得出 PAA-NR 强化体系偶氮染料活性艳红 K-2BP 胞外厌氧脱色电子传递机理，如图 3.35 所示。这些发现将有助于进一步了解细菌厌氧生物脱色系统中的电子转移机制，并有助于优化和改进偶氮染料污染废水的处理方法。

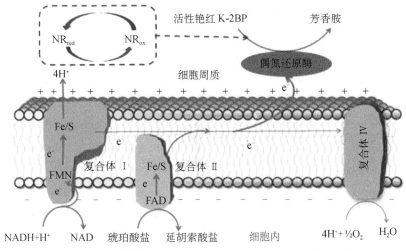

图 3.35 活性艳红 K-2BP 胞外厌氧脱色电子传递机理图

参考文献

[1] Dos Santos A B，Traverse J，Cervantes F J，et al. Enhancing the electron transfer capacity and subsequent color removal in bioreactors by applying thermophilic anaerobic treatment and redox mediators. Biotechnology and Bioengineering，2005，89（1）：42-52.

[2] Fisld J A，Cervantes F J，Van der Zee F P，et al. Role of quinones in the biodegradation of priority pollutants：A Review. Water Science and Technology，2000，42（5-6）：215-222.

[3] Hernadezm E，Newman D K. Extracellular electron transfer. cellular and molecular life. Science，2001，58（11）：1562-1571.

[4] Russ R，Rau J，Stolz A. The function of cytoplasmic flavin reductases in the reduction of azo dyes by bacteria. Applied & Environmental Microbiology，2000，66（4）：1429-1434.

[5] Kudlich M，Keck A，Klein J，et al. Localization of the enzyme system involved in anaerobic reduction of azo dyes by *Sphingomonas* sp. strain BN6 and effect of artificial redox mediators on the rate of azo dye reduction. Applied & Environmental Microbiology，1997，63（9）：3691-3703.

[6] Rau J，Knackmuss H J，Stolz A. Effects of different quinoid redox mediators on the anaerobic reduction of azo dyes by bacteria. Environmental Science & Technology，2002，

36（7）：1497-1504.

[7] 崔姗姗，徐洪勇，周思辰，等. 氧化还原介体对偶氮染料厌氧脱色的影响. 哈尔滨理工大学学报，2008，13（2）：103-106.

[8] 方连峰，周集体，王竞，等. 醌化合物强化偶氮染料的生物脱色. 中国环境科学，2007，27（2）：174-178.

[9] Van der Zee F P，Bisschops I A E，Lettinga G，et al. Activated carbon as an electron acceptor and redox mediator during the anaerobic biotransformation of azo dyes. Environmental Science and Technology，2003，37（2）：402-408.

[10] Guo J，Zhou J. Wang D，et al. Biocatalyst effects of immobilized anthraquinone on the anaerobic reduction of azo dyes by the *Salttolerant* bacteria. Water Research，2007，41（2）：426-432

[11] Guo J，J. Zhou J. Wang D，et al. The new incorporation bio-treatment technology of bromoamine acid and azo dyes wastewaters under high-salt conditions. Biodegradation，2008，19（1）：93-98.

[12] 彭松. 有机化学. 北京：科学出版社，2003：202-256.

[13] Amezquita G H J，Rangel M J R，Cervantes F J，et al. Activated carbon fibers with redox-active functionalities improves the continuous anaerobic biotransformation of 4-nitrophenol. Chemical Engineering Journal，2016，286（15）：208-215.

[14] Cervantes F J，Gonzalez E J，Márquez A，et al. Immobilized humic substances on an anion exchange resin and their role on the redox biotransformation of contaminants. Bioresource Technology，2011，102（2）：2097-2100.

[15] Yuan S Z，Lu H，Wang J，et al. Enhanced bio-decolorization of azo dyes by quinone-functionalized ceramsites under saline conditions. Process Biochemistry，2012，47（2）：312-318.

[16] 康丽. 非水溶介体催化强化偶氮染料降解机理及构效关系研究. 石家庄：河北科技大学，2011.

[17] Wang S，Guo J，Lian J，et al. Rapid start-up of the anammox process by denitrifying granular sludge and the mechanism of the anammox electron transport chain. Biochemical Engineering Journal，2016，115（15）：101-107.

[18] Singh R L，Singh P K，Singh R P. Enzymatic decolorization and degradation of azo dyes: A review. International Biodeterioration & Biodegradation，2015，104（5）：21-31.

[19] 陈杏娟，许玫英，李光飞，等. 脱色希瓦氏菌 S12 非特异性偶氮还原酶基因表达及特性. 微生物学报，2009，49（10）：1323-1331.

[20] Xi Z，Guo J，Lian J，et al. Study the catalyzing mechanism of dissolved redox mediators on bio-denitrification by metabolic inhibitors. Bioresource Technology，2013，140（3）：22-27.

[21] 鲁蕴甜. 蒽醌类染料的电化学行为研究. 重庆：重庆大学，2007：18-19.

[22] Van der Zee F P，Cervantes F J. Impact and application of electron shuttles on the redox（bio）transformation of contaminants：A Review. Biotechnology Advances，2009，27（3）：256-277.

[23] Rau J，Knackmuss H J，Stolz A. Effects of different quinoide redox mediators on the anaerobic reduction of azo dyes by bacteria. Environmental Science and Technology. 2002，36（7）：1497-1504.

[24] 李丽华. 聚吡咯固定化介体强化偶氮染料和硝基化合物厌氧生物转化. 大连：大连理工大学，2008：22-24.

[25] Bader R F W. Atoms in Molecules-A Quantum Theory. Oxford：University of Oxford Press，1990.

[26] Frisch M J，Trucks G W，Schlegel H B，et al. Gaussian 03 program. Gaussian，2004.

[27] Biegler K F J，Derdau R，Bayles D，et.al. AIM 2000 Progam Version1. Bielefeld：Germany University of Applied Science，2000.

[28] Degli E M. Inhibitors of NADH-ubiquinone reductase：An overview. Biochimica et Biophysica Acta，1998，1364（2）：222-235.

[29] 刘厚田，杜晓明. 藻菌系统降解偶氮染料的机理研究. 环境科学学报，1993，13（3）：332-338.

[30] Woźnica A，Dzirba J，Mańka D，et al. Effects of electron transport inhibitors on iron reduction in *Aeromonas hydrophila* strain KB1. Anaerobe，2003，9（3）：125-130.

[31] 许志诚，洪义国，罗微，等. 中国希瓦氏菌 D14-T 的厌氧腐殖质呼吸. 微生物学报，2006，46（6）：973-978.

[32] 王思慧. 厌氧氨氧化的快速启动策略及电子传递机理研究. 石家庄：河北科技大学，2016.

第4章 介体催化强化生物反硝化

生物反硝化是去除水体中硝酸盐氮污染的最有效方法之一，但传统反硝化工艺仍存在反应速率慢的缺点。反硝化过程中电子供体与电子受体（硝酸盐）之间的电子传递速率通常制约着反应的快速有效进行。反硝化过程的某些辅酶含有醌基，如辅酶Q。由于醌类化合物含有羰基，可以和羰基试剂发生亲核加成；而碳碳双键，可以发生亲电加成；同时醌类化合物又是共轭体系，还可以发生1,4-加成反应。醌类化合物所具备的化学特性，可使其在氧化态和还原态之间发生可逆反应，进行电子的传递[1-5]。因此，醌类化合物可作为氧化还原介体加速电子供体向电子受体的电子传递过程，进而使反应速率提高一到几个数量级[6-8]。在醌呼吸反硝化菌的参与下，醌介体可以加速反硝化过程的电子传递链中电子的传递，从而加速反硝化过程。同样，卟啉环具有18π共轭结构，包含四个吡咯子结构，并在α碳原子处形成平面[9]。卟啉类化合物具有易于得失电子的特性，其在光敏系统、氧化还原及催化反应体系中起重要的作用[10]。如水溶性的钴卟啉加速了CO至醌/靛胭脂之间的电子传递过程；锌卟啉通过电化学反应加速了CO_2至CO的还原过程；铁卟啉化合物-血红素，可作为氧化还原催化剂的活性基团，加速非水溶性$Li-O_2$电池的氧化反应[11-13]。基于醌类化合物和卟啉类化合物的化学特性，以其作为介体加速污染物的氧化还原在理论上具有可行性[14-18]。

Aranda-Tamaura等[19]研究了醌类介体对同时脱氮除硫的影响。Guo等[20]和Liu等[21, 22]研究了固定化醌类介体对反硝化过程的加速作用。实验表明，固定化介体可加速电子传递，从而有效提高反硝化效率，介体强化体系的氧化还原电位低于空白对照组。Liu等[22]研究了电聚合醌类介体对反硝化过程的加速作用。吡咯电聚合-掺杂技术是一种良好的固定醌类化合物的方法，不仅提高了反硝化速率，还解决了水溶性醌类需要连续投加的弊病，而且掺杂醌类介体的聚吡咯活性炭毡有良好的强化稳定性，具有一定的实际应用前景。Xie等[23]研究了卟啉类化合物对生物反硝化电子传递过程的加速作用，这与卟啉类介体的活性中心元素密切相关。

4.1　水溶性介体强化生物反硝化特性研究

基于醌类及卟啉类化合物在加速电子传递方面的特点，本节考察这两类水溶性介体强化反硝化过程的可行性，并优选出强化性能最佳的醌类和卟啉类介体，以期通过介体强化的方式加速反硝化过程。同时，探讨了介体投加浓度与反硝化速率之间的关系，发现在一定投加浓度范围内，介体浓度和反硝化速率呈正相关。

4.1.1　水溶性醌类介体强化反硝化性能

选取 AQDS、1,5-AQDS、2,7-AQDS、AQS 和 α-AQS 五种水溶性醌类化合物作为氧化还原介体，研究其对 *Paracoccus versutus* 菌株 GW1 反硝化过程的强化作用。这五种醌类介体结构相似，但磺酸基的数量及位置不同，其化学结构式如图 4.1 所示。

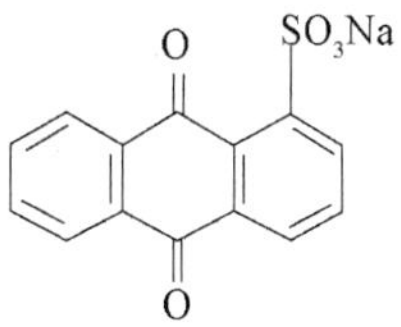

蒽醌-1-磺酸钠（α-AQS） 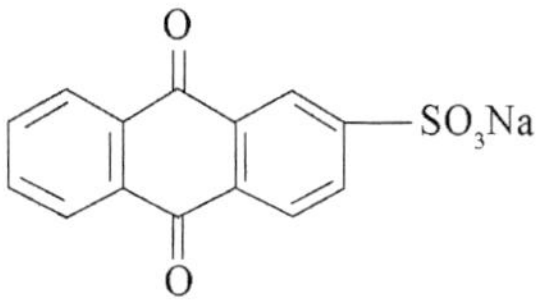　　　　　蒽醌-2-磺酸钠（AQS）

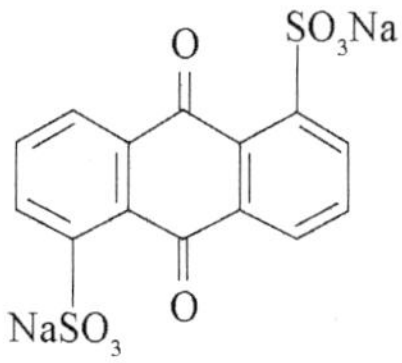

蒽醌-1,5-二磺酸钠（1,5-AQDS） 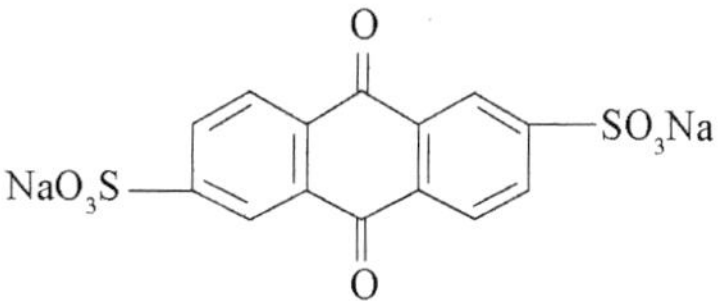　　　蒽醌-2,6-二磺酸钠（AQDS）

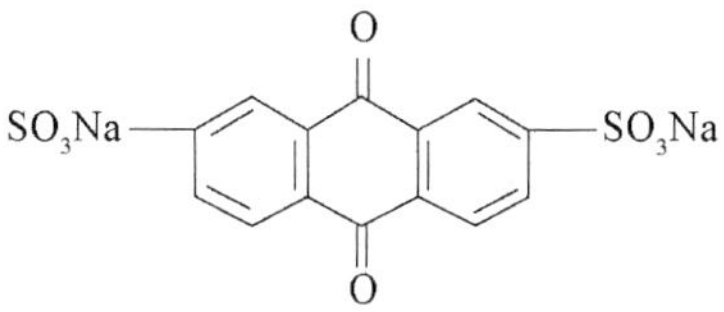

蒽醌-2,7-二磺酸钠（2,7-AQDS）

图 4.1　五种水溶性醌类介体的化学结构式

1. 醌类介体对反硝化速率的影响

AQDS、1,5-AQDS、2,7-AQDS、AQS 和 α-AQS（浓度均为 0.24mmol/L）为氧化还原介体，丁二酸钠为电子供体且 COD/TN 比为 3∶1 条件下，不同醌类介体对菌株 GW1 反硝化过程的加速效果不同，TN 去除速率分别提高了 2.02 倍、2.00 倍、1.97 倍、1.52 倍和 1.12 倍，如图 4.2 所示。介体强化能力强弱顺序为：AQDS>1,5-AQDS> AQS >2,7-AQDS >α-AQS。借助醌呼吸反硝化菌，醌介体可在其氧化态和还原态之间进行可逆反应，从而加速电子供体与受体间的电子传递。反硝化过程中没有积累氢醌（醌的还原态），但脱氮接近完成后出现氢醌的积累。关于醌呼吸反硝化菌及氢醌积累的探讨，详见 4.3.2 小节。

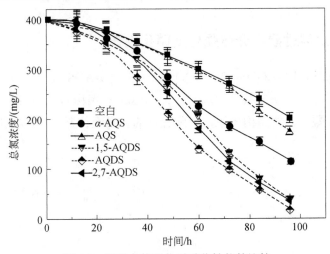

图 4.2　醌类介体强化反硝化性能的比较

2. AQDS 浓度对反硝化速率的影响

以加速反硝化效果最为显著的 AQDS 为醌类模型介体，介体浓度 c 与反硝化速率常数 k 的关系，如图 4.3 所示。在所选 AQDS 介体浓度范围内，介体浓度越高反硝化速率越快。AQDS 浓度为 0.32mmol/L 时，反硝化速率常数 k 达到最大，为 17.1mg/（L·h），较空白实验组反硝化速率常数提高了 1.61 倍。AQDS 浓度≤0.32mmol/L 时，速率常数 k 与 AQDS 浓度 c_{AQDS} 呈正相关，线性关系式为 $k=19.332c_{AQDS}+11.115$（$R^2=0.9749$）。

4.1.2　卟啉类介体强化反硝化性能

一类非醌基的介体——卟啉类化合物，由于易于传递电子的特性，普遍用于光敏系统、氧化还原和催化反应体系。三种结构相似的卟啉类化合物作为介体，包括锌卟啉、钴卟啉和血红素（化学结构如图 4.4 所示），考察其强化生物反硝化性能。

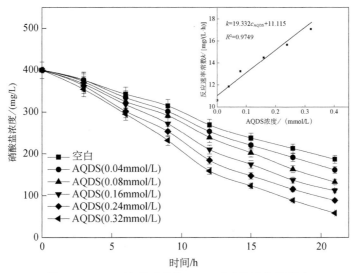

图 4.3　AQDS 浓度对菌株 GW1 反硝化速率的影响

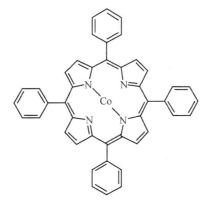

血红素　　　　　　　　　　　　　　　四苯基卟啉锌

四苯基卟啉钴

图 4.4　卟啉类介体的化学结构式

1. 卟啉类介体对反硝化速率的影响

钴卟啉、锌卟啉和血红素（浓度均为 0.25mmol/L）投加至反硝化体系中，四种卟啉类介体呈现对反硝化过程不同的影响效果，如图 4.5 所示。初始硝酸盐氮浓度为 100mg/L 时，钴卟啉、锌卟啉、血红素分别将硝酸盐去除速率提高了 1.18 倍、1.16 倍、1.81 倍。许多金属元素是卟啉类化合物的活性中心，这些活性中心通过化合价的变化，达到在电子供体和电子受体之间传递电子的作用。由于卟啉类化合物活性中心不同，其对反硝化过程呈现不同的加速效果。此外，卟啉化合物取代基的不同也造成对反硝化过程不同的加速效果。与苯取代基相比，血红素中的羧基则表现出更好的吸电子特性，这有利于卟啉环上的电子云偏向配体，提升了金属活性中心的强化效果。三种卟啉化合物中，血红素呈现对反硝化过程较好的加速效果。

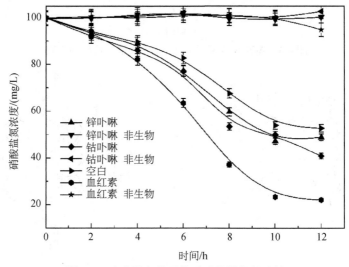

图 4.5　卟啉类介体强化反硝化性能的比较

2. 血红素浓度对反硝化速率的影响

卟啉类介体中，以加速反硝化效果最明显的血红素为例，0.01～20mmol/L 浓度范围内，硝酸盐氮降解速率与投加量的关系如图 4.6 所示。在所选血红素浓度范围内，血红素浓度 c_{chemin} 和硝酸盐去除速率 k 之间的关系，可用方程 $k=8.7463+0.4453\ln(c_{chemin}-0.00993)$（$R^2=0.9908$）描述。由于传统反硝化过程中电子传递速率低，这制约了反应的快速有效进行。血红素浓度为 0.01～1.25mmol/L 时，介体可加速电子供体与受体间的电子传递速率，这使得硝酸盐去除速率随介体投加量的增加而加快。但当血红素浓度超过 1.25mmol/L 时，反硝化速率趋于稳定，并没有随介体浓度的增加而呈现出持续改善的效果。这是因为随着血红素浓度的增加，反硝化过程逐渐不再受电子传递速率的限制，因此高浓度血红素会在加速反硝化系统中达到"饱和"状态。

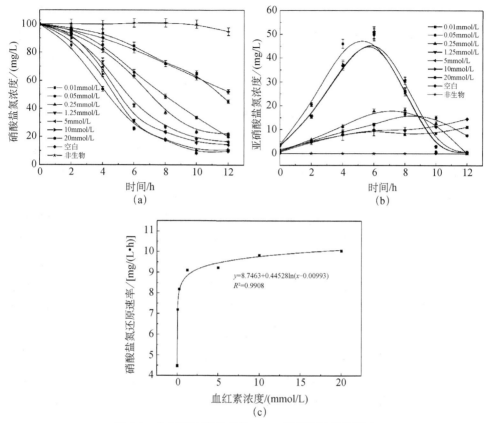

图 4.6　血红素浓度对菌株 GW1 反硝化速率的影响

　　血红素介体在加速硝酸盐氮降解过程中出现了亚硝酸盐氮的积累。初始硝酸盐氮浓度为 100mg/L，血红素浓度为 5mmol/L 时，亚硝酸盐氮的积累浓度达到 50.66mg/L，但继续提高血红素浓度并没有出现亚硝酸盐氮的进一步积累。介体加速硝酸盐氮降解过程中，硝酸盐氮的还原速率大于亚硝酸盐氮，这导致亚硝酸盐氮出现了积累。积累至最大浓度后，由于高浓度的亚硝酸盐氮可诱导更多亚硝酸盐还原酶的产生，从而强化了该污染物的还原。说明卟啉类介体可能同时参与了硝酸盐氮和亚硝酸盐氮的电子传递，加速这两种污染物的还原。

4.2　固定化醌类功能介体催化强化生物反硝化

　　水溶性醌类介体虽获得了理想的加速反硝化速率的效果，但处理含氮废水时需要连续投加介体，这导致了运行成本的提高及二次污染。为了避免投加水溶性醌类介体所造成的问题，通过电聚合、修饰、合成等方法，将醌类介体富集在活性炭毡、聚对苯二甲酸乙二酯（PET）、尼龙等载体材料上，制备得到新型固定化醌基功能介体。新型固定化醌基介体经一次性投加即可在生物反应器中长期发挥其强化作用，这有效避免了水溶性介体应用过程中所产生的弊病。

4.2.1 聚吡咯活性炭毡固定化醌类介体强化反硝化特性

聚吡咯的制备方法主要分为化学聚合法和电化学聚合法。由于电化学聚合法制备的聚吡咯致密度和均匀度较好，有一定的机械强度，可进行化学物质的掺杂，不易脱落，因此本小节选用电化学聚合法制备聚吡咯。聚吡咯因其具有较高的导电性、较好的环境稳定性和良好的机械性能，而广泛应用于电容器、传感器和生物酶等领域。而聚吡咯电化学掺杂技术通过氧化-还原反应实现，以提高聚合物的导电性。研究表明以醌类化合物为掺杂剂，可在阳极上形成含醌基的聚吡咯膜，使其具有良好的导电性能和稳定的催化性能[24-27]。通过电化学循环伏安法在活性炭毡电极表面形成掺杂醌类介体的聚吡咯膜，这种新型固定化醌基介体材料具有比表面积较大、机械强度高和导电性能良好等特点。

按照上述方法，将 AQDS、1,5-AQDS、AQS、2,7-AQDS 和 α-AQS 五种醌类介体固定在聚吡咯活性炭毡上，并投入至生物反硝化体系中，以考察聚吡咯活性炭毡固定化醌类介体对反硝化速率的影响。如图 4.7 所示，固定化介体浓度均为0.63mmol/L 时，对菌株 GW1 的反硝化过程均具有明显的加速作用，介体强化能

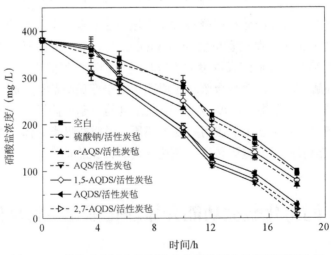

图 4.7　五种聚吡咯固定化醌类介体强化微生物降解硝酸盐氮

力强弱顺序为：AQS> 2, 7-AQDS>AQDS>α-AQS>1, 5-AQDS，相对于掺杂了硫酸钠的活性炭毡（空白实验组），反硝化速率提高了 1.36～1.50 倍。聚吡咯活性炭毡固定化醌类介体与该五种介体直接溶于水中时呈现不同的加速效果，这可能是均相与非均相催化体系的不同引起的。

掺杂 AQS 的聚吡咯活性炭毡，对生物反硝化过程具有强化作用。图 4.8 表明，六次重复实验中，掺杂 AQS 的聚吡咯活性炭毡均表现出稳定的加速效果，显示该功能介体具有良好的生物强化稳定性，AQS 牢固地掺杂在聚吡咯膜中。

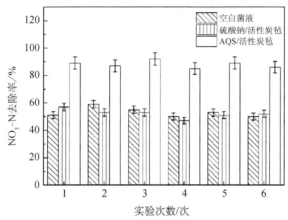

图 4.8　掺杂 AQS 聚吡咯活性炭毡的强化稳定性

4.2.2　PET-AQS 强化反硝化特性

聚对苯二甲酸乙二酯（polyethylene terephthalate，PET），别称涤纶、的确良、达克纶等，化学式为$[COC_6H_4COOCH_2CH_2O]_n$，是热塑性聚酯中最主要的一种。PET 具有无毒、耐气候性、耐疲劳性、耐摩擦、尺寸稳定性好和硬度高的优点。在 PET 的大分子链上具有酯基基团，可在一定强度的酸/碱条件下打开酯键，为醌基基团的固定提供化学反应基础[28, 29]。PET 经胺化后（PET-NH$_2$），与磺酸型醌基进行缩合反应，合成新型功能介体——磺酸型醌基聚对苯二甲酸乙二酯（PET-AQS），并将其用于强化反硝化过程。

在 250mL 反硝化体系中，分别加入含醌基 0、0.0562mmol、0.1687mmol 和 0.2812mmol 的 PET-AQS，经 14h 反应，硝酸盐的去除速率最大可提高 1.40 倍，结果如图 4.9 所示。而且，硝酸盐氮去除速率随醌基介体材料投加量的增加而逐步加快，硝酸盐氮降解速率与醌基浓度呈正相关关系：$k_N = 6.6510 \times c_{PET\text{-}AQS} + 8.5657$（$R^2 = 0.9620$）。

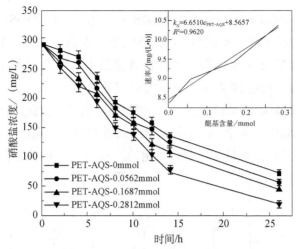

图 4.9　PET-AQS 浓度对硝酸盐去除的影响

4.2.3　醌基 PA 膜强化反硝化特性

尼龙（Nylon），又称聚酰胺，英文名为 Polyamide（PA），特点是大分子主链上具有重复酰胺基团—[NHCO]—。尼龙膜材料具有良好的孔径分布，能耐酸、耐碱和多种有机溶剂，具有良好的机械性能和化学稳定性。其表面含有活性基团——氨基，氨基可以进行很多化学反应，这就为醌基的固定提供了可能。通过水解反应，使尼龙膜表面得到更多的氨基，采用化学方法实现 9, 10-蒽醌-2-磺酰氯（ASC）与尼龙膜牢固结合，醌基含量为 0.11mmol/g 尼龙膜。

醌基 PA 膜对硝酸盐反硝化具有非常明显的加速作用，10h 后醌基 PA 膜的硝酸盐氮去除速率是空白体系的 1.9 倍，如图 4.10 所示。10h 后取出醌基尼龙膜，逐次进行重复实验，醌基尼龙膜循环使用 6 次后，仍可得到稳定的加速效果，表明制备的醌基尼龙膜具有一定的稳定性，如图 4.11 所示。

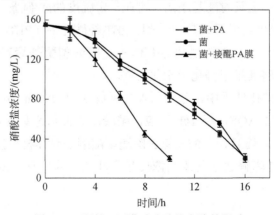

图 4.10　醌基 PA 膜对硝酸盐去除的影响

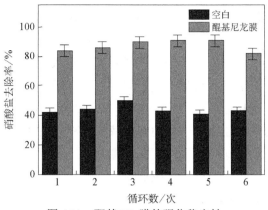

图 4.11　醌基 PA 膜的强化稳定性

4.3　醌类介体强化反硝化机理

醌类氧化还原介体可在电子供体与受体间进行电子传递，这使其具有加速污染物降解的能力。Van der Zee 等[8]和 Uchimiya 等[30]分别初步探讨了醌类介体加速污染物降解的机理，研究表明醌类氧化还原介体的强化性能与其自身的氧化还原电位 E_0' 和穿透细胞的能力密切相关。Guo 等[31]研究了醌类介体的循环伏安特性与加速偶氮染料降解速率之间的关系。

本节主要从呼吸特性（醌呼吸）和生物化学（电子传递链抑制剂）方面讨论醌类介体加速菌株 *Paracoccus versutus* sp.GW1 反硝化机理。为减少介体存在状态对结果的影响，研究选用具有代表性的水溶性介体（均相体系中），对其强化菌株 GW1 反硝化过程的作用机制进行探讨。

4.3.1　醌呼吸菌在反硝化颗粒污泥中的分布及丰度特征

醌呼吸是一种新型的呼吸方式，自 1996 年 Lovley 等[32]首先发现细菌 *Geobacter metallireducens* 的醌呼吸特性以来，具有醌呼吸特性的微生物被证明普遍存在于河底沉积物、污泥和土壤等环境中[33]。醌类化合物可生化性低，具有醌羟基结构，可作为电子受体接受微生物电子传递链上的电子进行呼吸，产生的能量可供菌体生长；醌类化合物也可作为氧化还原介体加速电子的传递，从而强化污染物的降解[6, 34-36]。

利用荧光原位杂交法，研究醌介体对反硝化颗粒污泥优势群菌的影响，分析醌呼吸反硝化菌在污泥中的分布状况。颗粒污泥经定向驯化具备反硝化特性后，再加入 0.24mmol/L 的 AQDS 进行培养。分别取经 AQDS 培养第一天、第五天、第十天、第十五天时的反硝化颗粒污泥。结果表明，同时具备醌呼吸和反硝化作用的细菌（醌呼吸反硝化菌）普遍存在于反硝化颗粒污泥中；随着驯化过程的进行，细菌丰度先减少后增多，依次为 30%、6%、8% 和 12%；颗粒污泥中的醌呼吸反硝化菌经历了一个动态演替的过程（图 4.12）。由于 AQDS 为腐殖质的相似物，而腐殖质广泛存在于土壤、水、沉积物等环境中。因此，反硝化颗粒污泥中的微生物可以很快适应加入的 AQDS 并进行醌呼吸。醌呼吸反硝化菌株 *Paracoccus versutus* sp.GW1 即是从以上颗粒污泥中分离纯化得到。

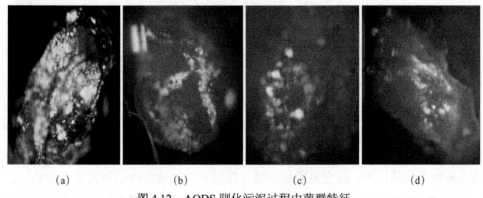

(a)　　　　　　(b)　　　　　　(c)　　　　　　(d)

图 4.12　AQDS 驯化污泥过程中菌群特征

（a）第一天；（b）第五天；（c）第十天；（d）第十五天

4.3.2　菌株 GW1 的醌呼吸特性

在醌介体浓度 1mmol/L 的液体培养基中接种醌呼吸反硝化菌株 GW1，分别以不接种菌体和不加电子供体为对照，监测醌介体还原态（氢醌）特征峰的吸光度，结果如图 4.13 所示。不投加最初电子供体（丁二酸钠）时，相应氢醌吸光度只略有增长；不接种菌体的情况下，吸光度基本维持不变，表明基本没有形成氢醌；添加电子供体并同时接种菌体后，醌出现了明显的被还原并形成相应的氢醌。醌呼吸过程中，醌的还原需要电子供体提供电子，需要醌呼吸菌的参与，电子供体不能经单纯的化学反应将电子传递给醌。氢醌暴露在空气并搅拌，其特征峰吸光度快速降低，说明氢醌极易被氧化而重新转化为氧化态。菌株 GW1 可以进行醌呼吸，将醌还原成氢醌，利用醌类化合物传递电子。

另一方面，介体强化生物反硝化过程中没有出现氢醌积累的现象，但脱氮接近完成后出现氢醌的积累。菌株 GW1 反硝化过程中可耦合醌呼吸，将电子传递链上的电子传递给醌类介体使其还原成氢醌，醌-氢醌间的氧化还原反应是可逆的，氢醌又可被氧化，将电子逐步传递给硝酸盐。在酶的控制下醌-氢醌氧化还原体系参与了菌株 GW1 反硝化过程，并加速了电子供体和受体间的电子传递。当缺乏电子受体（硝酸盐）时可造成氢醌的积累。结合醌类介体加速反硝化的特性，醌呼吸反硝化机理如图 4.14 所示。

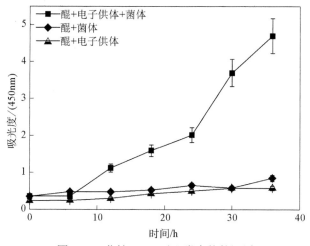

图 4.13　菌株 GW1 对醌类介体的还原

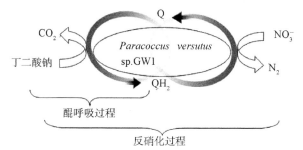

图 4.14　反硝化菌株 GW1 的醌呼吸反硝化过程

4.3.3　醌介体加速反硝化过程中的电子传递特性

利用三种具有专一性的电子传递链抑制剂：$CuCl_2$、鱼藤酮和双香豆素（抑制剂的特性见 1.2.4 节），选择性地切断或抑制特定部位的电子传递途径，以确定醌类介体在反硝化过程中加速电子传递的作用位点。

鱼藤酮可以阻断复合体 I 向辅酶 Q 传递电子，进而降低反硝化速率，抑制作用随鱼藤酮浓度的提高而增强（图 4.15）。加入醌介体后对鱼藤酮的抑制有缓解作用，推断醌类介体加速位点可能位于复合体 I 内。Cu^{2+} 通过对 Fe-S 蛋白的竞争性抑制,从而降低反硝化活性,模型介体 AQDS 可有效缓解 Cu^{2+}的抑制作用(图4.16),这说明醌类介体可在 Fe-S 蛋白的电子传递位点加速电子传递。而双香豆素对厌氧呼吸链中甲基萘醌氧化态与还原态的可逆转化产生了竞争性抑制,从而阻止甲基萘醌对电子的传递。双香豆素浓度越大,对反硝化的抑制作用越明显,AQDS 对其抑制作用略有缓解,结果如图 4.17 所示。醌介体可通过自身氧化态和还原态之间转化进行电子转移,一定程度上代替甲基萘醌进行电子转移,对双香豆素的抑制作用有一定的缓解作用[17]。另一方面,由于醌类介体和甲基萘醌化学结构很相似,双香豆素抑制甲基萘醌的同时对醌介体的电子传递作用可能也有影响,因此 AQDS 只在有限程度上缓解了双香豆素的抑制作用。

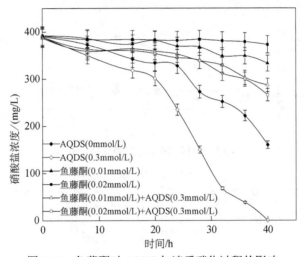

图 4.15　鱼藤酮对 AQDS 加速反硝化过程的影响

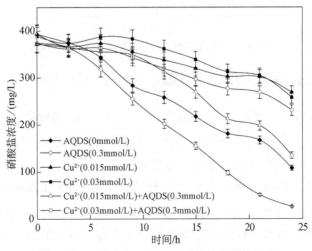

图 4.16　Cu^{2+}对 AQDS 加速反硝化过程的影响

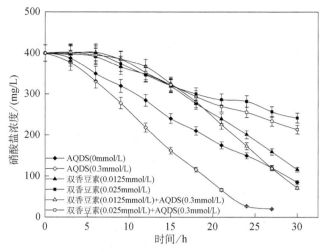

图 4.17　双香豆素抑制剂对 AQDS 加速反硝化过程的影响

　　综上所述，醌类介体可在一定程度上缓解典型电子传递链抑制剂对反硝化的抑制作用，表明醌类介体加速 *Paracoccus versutus* sp.GW1 反硝化是与细胞的电子传递链密不可分的，AQDS 通过加速电子的传递速率来强化反硝化过程。醌类介体作为有效的电子穿梭体，其氧化还原电位最好位于初级电子供体氧化还原电位和末端电子受体氧化还原电位之间，过高过低都会影响醌作为氧化还原介体的电子传递性能。五种醌类介体 AQDS、1,5-AQDS、2,7-AQDS、AQS 和 α-AQS 的氧化还原电位 E_0' 在 $-270\sim-70$mV 之间，这与电子传递链前端（NADH-辅酶 Q 还原酶、辅酶 Q）电位接近，所以醌介体有可能在电子从 NADH 向辅酶 Q 传递过程中起加速作用，从而提高反硝化速率。醌介体加速反硝化电子传递的推断机理，如图 4.18 所示。

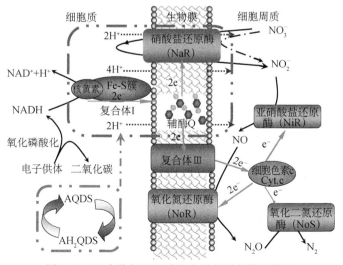

图 4.18　醌介体加速反硝化电子传递的推断机理

4.4　血红素介体强化反硝化机理

选取辣椒素、抗霉素 A、敌草隆和叠氮化钠作为血红素强化反硝化电子传递链的抑制剂，其特性见 2.4 小节。通过切断或抑制生物反硝化反应中特定位点的电子传递途径，以确定血红素强化反硝化的电子传递机制。

4.4.1　血红素强化反硝化过程中的电子传递特性

辣椒素可以抑制 NADH 至辅酶 Q 的电子传递，从而对反硝化过程产生抑制作用。而血红素的添加可有效缓解辣椒素的抑制作用，说明反硝化过程中血红素的加速位点位于 NADH 至辅酶 Q 的电子传递过程中，结果如图 4.19 所示。抗霉素 A 可以抑制复合体Ⅲ中细胞色素 b_L 至细胞素色 b_H 的电子传递。图 4.20 表明，血红素的添加可缓解抗霉素 A 的抑制作用，说明血红素的电子传递位点可能是在复合体Ⅲ中的细胞色素 b_L 和细胞色素 b_H。敌草隆作为一种非竞争性的抑制剂可以阻碍复合体Ⅲ中细胞色素 b_H 至辅酶 Q 的电子传递，从而减少电子流通过复合体Ⅲ。血红素也可有效缓解敌草隆对反硝化过程的抑制作用，说明血红素可能重建了被敌草隆阻碍的细胞色素 b_H 至辅酶 Q 的电子传递路径，结果如图 4.21 所示。叠氮化钠可以抑制细胞色素氧化酶（复合体Ⅳ）的电子传递过程，图 4.22 表明添加血红素并没有缓解叠氮化钠的抑制作用，这说明血红素可能不在叠氮化钠的抑制位点起作用。

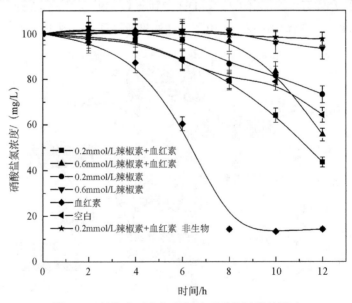

图 4.19　辣椒素对血红素加速反硝化过程的影响

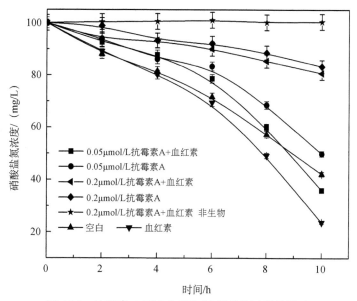

图 4.20　抗霉素 A 对血红素加速反硝化过程的影响

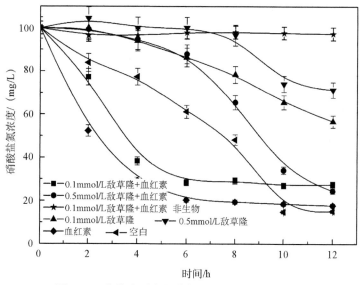

图 4.21　敌草隆对血红素加速反硝化过程的影响

综上所述，血红素可以缓解某些电子传递链抑制剂对电子传递的抑制作用，这表明血红素可以参与反硝化的电子传递过程，重建了被抑制剂阻碍的电子传递路径。图 4.23 显示了血红素参与反硝化电子传递的原理图。血红素能够缓解辣椒素对反硝化的抑制作用；能够减轻敌草隆和抗霉素 A 的抑制作用。血红素对特定电子传递位点抑制剂的缓解作用表明，血红素可参与反硝化过程中的电子传递，电子传递位点可能在复合体Ⅲ中的细胞色素 b_L 和细胞色素 b_H 之间建立起新的电子传递路径。原因主要有：①血红素与细胞色素 c 中的催化活性中心（亚铁血红素）具有相似的化学结构；②血红素和细胞色素具有相近的氧化还原电势，血红素的氧化还原电势为 0.257V，介于复合体Ⅲ（0.1V）与细胞色素 c（0.39V）之间。

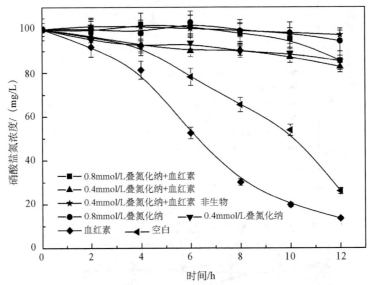

图 4.22　叠氮化钠对血红素加速反硝化过程的影响

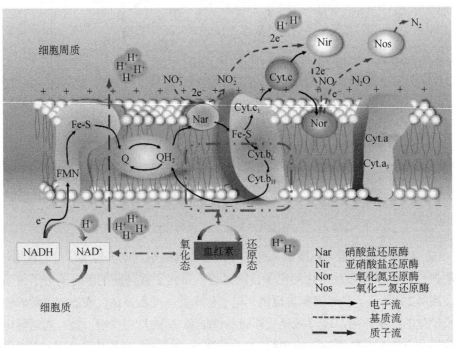

图 4.23　反硝化电子传递链中血红素的作用位点

4.4.2　卟啉类介体强化反硝化的结构分析

血红素作为金属卟啉的一种，由平面结构的卟啉环和中心铁元素配合而成。金属卟啉优良的电子传递性能可能和金属中心密切相关，而且卟啉环也为金属中心提供了良好的电子传递环境。将 Fe^{3+}、血红素及卟啉环代表物（四苯基卟啉四磺酸）添加至反硝化体系中，考察卟啉介体的不同结构在反硝化中的作用。图 4.24 表明，在无菌环境下，虽然添加了反硝化所需的基质及血红素，但硝酸盐氮基本没有去除，这说明血红素加速硝酸盐氮的还原过程是与生化过程密切相关的；Fe^{3+}、血红素及四苯基卟啉四磺酸在微生物的作用下均对硝酸盐氮的去除有加速效果，

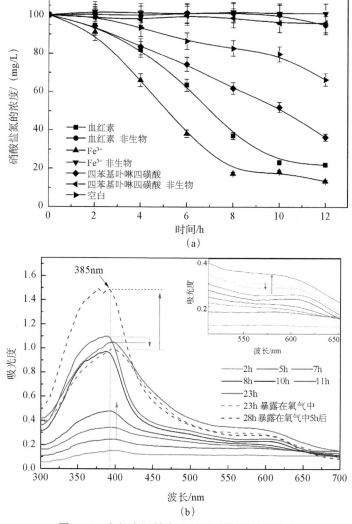

图 4.24　血红素活性中心对反硝化速率的影响

其去除速率分提高了 4.06 倍、3.04 倍和 1.97 倍，介体强化能力强弱顺序为：Fe^{3+}>血红素>四苯基卟啉四磺酸，这说明血红素的金属活性中心和卟啉环均对硝酸盐氮的还原过程具有加速效果。相比之下，当锌卟啉作为 CO_2 还原的催化剂时，起催化作用的是卟啉环而不是金属原子。

此外，强化反硝化体系中，通过原位紫外可见全波长扫描，发现血红素中的铁元素在+2 价与+3 价之间动态转化，如图 4.24（b）所示。11h 之内，随着反硝化过程的进行，385nm 波长的吸光度逐渐升高，表明血红素的中心铁元素主要为+3 价。随着硝酸盐氮去除过程的完成，385nm 下的吸光度轻微地下降，而 580～650nm 波长处的吸光度则出现了上升趋势，这是由于血红素中心铁元素由+3 价转化为+2 价所致。随后体系中通入氧气，又会发现 385nm 波长吸光度的上升，这是由于还原态的血红素（中心铁元素为+2 价）被氧化为氧化态的血红素（中心铁元素为+3 价），进一步证明了血红素中心铁元素在反硝化过程中存在价态的变化。

参考文献

[1] Lu C，Yang D，Guo J，et al. The catalysis biodecolorization characteristics of novel recyclable insoluble redox mediators onto magnetic nanoparticles. Desalination & Water Treatment，2018，107：62-71.

[2] Field J A，Cervantes F J，Van der Zee F P，et al. Role of quinones in the biodegradation of priority pollutants：A review. Water Science and Technology，2000，42（5-6）：215-222.

[3] 李丽，檀文炳，王国安，等. 腐殖质电子传递机制及其环境效应研究进展. 环境化学，2016，35（2）：254-266.

[4] 康丽，郭建博，李洪奎，等. 氧化还原介体催化强化偶氮染料脱色研究进展. 河北工业科技，2010，27（6）：447-450.

[5] Guo J，Zhou J，Wang D，et al. Biocatalyst effects of immobilized anthraquinone on the anaerobic reduction of azo dyes by the salt-tolerant bacteria. Water Research，2007，41（2）：426-432.

[6] 丁阿强，郑平，张萌. 电子介体研究进展. 浙江工业大学学报，2016，42（5）：573-581.

[7] Huang W，Chen J，Hu Y，et al. Enhanced simultaneous decolorization of azo dye and electricity generation in microbial fuel cell（MFC）with redox mediator modified anode. International Journal of Hydrogen Energy，2017，42（4）：2349-2359.

[8] Van der Zee F P，Cervantes F J. Impact and application of electron shuttles on the redox（bio）transformation of contaminants：A review. Biotechnology Advances，2009，27（3）：256-277.

[9] Saito S，Osuka A. Expanded porphyrins: Intriguing structures，electronic properties，and reactivities. Angewandte Chemie International Edition，2011，50（19）: 4342-4373.

[10] Gao P，Chen Z，Zhao Karger，et al. A porphyrin complex as a self-conditioned electrode material for high-performance energy storage. Angewandte Chemie International Edition，2017，56（35）: 10341-10346.

[11] Ryu W H，Gittleson F S，Thomsen J M，et al. Heme biomolecule as redox mediator and oxygen shuttle for efficient charging of lithium-oxygen batteries. Nature Communications，2016，7（12925）: 1-10.

[12] Wu Y，Jiang J，Weng Z，et al. Electroreduction of CO_2 catalyzed by a heterogenized Zn-porphyrin complex with a redox-innocent metal center. ACS Central Science，2017，3（8）: 847-852.

[13] Yamazaki S I，Siroma Z，Yao M，et al. Reduction of redox mediators by CO in the presence of a Co porphyrin: Implication for electrochemical cells powered by CO. Journal of Power Sources，2013，235: 105-110.

[14] Li X，Guo W，Liu Z，et al. Quinone-modified NH_2-MIL-101（Fe）composite as a redox mediator for improved degradation of bisphenol A. Journal of Hazardous Materials，2016，324（Pt B）: 665-672.

[15] Zhu W，Shi M，Yu Dan，et al. Characteristics and kinetic analysis of AQS transformation and microbial goethite reduction: Insight into "redox mediator-microbe-iron oxide" interaction process. Scientific Reports，2016，6: 23718.

[16] Baskaran S，Subramani V B，Detchanamurthy S，et al. Potential application of redox mediators and metabolic uncouplers in environmental research: A review. Chembioeng Reviews，2017，4（6）: 1-9.

[17] Martinez C M，Alvarez L H. Application of redox mediators in bioelectrochemical systems. Biotechnology Advances，2018，36（5）: 1412-1423.

[18] Zhu W，Yu D，Shi M，et al. Quinone-mediated microbial goethite reduction and transformation of redox mediator，anthraquinone-2，6-disulfonate（AQDS）. Geomicrobiology Journal，2017，34（1）: 27-36.

[19] Aranda-Tamaura C，Estrada-Alvarado M I，Texier A C，et al. Effects of different quinoid redox mediators on the removal of sulphide and nitrate via denitrification. Chemosphere，2007，69（11）: 1722-1727.

[20] Guo J，Kang L，Yang J，et al. Study on a novel non-dissolved redox mediator catalyzing biological denitrification（RMBDN）technology. Bioresource Technology，2010，

101（11）：4238-4241.

[21] Liu H，Guo J，Qu J，et al. Biological catalyzed denitrification by a functional electropolymerization biocarrier modified by redox mediator. Bioresource Technology，2012，107（Mar）：144-150.

[22] Liu H，Guo J，Qu J，et al. Catalyzing denitrification of *Paracoccus versutus* by immobilized 1, 5-dichloroanthraquinone. Biodegradation，2012，23（3）：399-405.

[23] Xie Z，Guo J，Lu C，et al. Biocatalysis mechanisms and characterization of a novel denitrification process with porphyrin compounds based on the electron transfer chain. Bioresource Technology，2018，265（Oct）：548-553.

[24] Stejskal J，Trchová M. Conducting polypyrrole nanotubes：A review. Chemical Papers，2018（1-9）：1-33.

[25] 张国权，杨凤林. 蒽醌/聚吡咯复合膜修饰电极的电化学行为和电催化活性. 催化学报，2007，28（6）：504-508.

[26] Mahmud H N M E，Huq A K O，Yahya R B. The removal of heavy metal ions from wastewater/aqueous solution using polypyrrole-based adsorbents：A review. RSC Advances，2016，6（18）：14778-14791.

[27] 王竞，李丽华，吕红，等. 电聚合固定化介体催化强化 2, 6-二硝基甲苯生物还原. 大连理工学报，2010，50（6）：877-882.

[28] 马念，曾胜，胡涛，等. 聚对苯二甲酸乙二醇酯的结晶成核改性研究进展. 材料导报，2016，30（13）：1-9.

[29] Wang J，Xu L，Cheng C，et al. Preparation of new chelating fiber with waste PET as adsorbent for fast removal of Cu^{2+} and Ni^{2+} from water：Kinetic and equilibrium adsorption studies. Chemical Engineering Journal，2012，193-194（15）：31-38.

[30] Uchimiya M，Stone A T. Reversible redox chemistry of quinones：Impact on biogeochemical cycles. Chemosphere，2009，77（4）：451-458.

[31] Guo J，Liu H，Qu J，et al. The structure activity relationship of non-dissolved redox mediators during azo dye bio-decolorization processes. Bioresource Technology，2012，112（Mar）：350-354.

[32] Lovley D R，Coates J D，Blunt-Harris E L，et al. Humic substances as electron acceptors for microbial respiration. Nature，1996，382（6590）：445-448.

[33] Coates J D，Cole K A，Chakraborty R，et al. Diversity and ubiquity of bacteria capable of utilizing humic substances as electron donors for anaerobic respiration. Applied & Environmental Microbiology，2002，68（5）：2445-2452.

［34］王慧勇，梁鹏，黄霞，等. 微生物燃料电池中产电微生物电子传递研究进展. 环境保护科学，2009，35（1）：17-20.

［35］马晨，周顺桂，庄莉，等. 微生物胞外呼吸电子传递机制研究进展. 生态学报，2011，31（7）：2008-2018.

［36］武春媛，李芳柏，周顺桂. 腐殖质呼吸作用及其生态学意义. 生态学报，2009，29（3）：1535-1542.

第 5 章 介体催化强化高氯酸盐生物转化

高氯酸盐（ClO_4^-）常作为氧化剂广泛应用于导弹、炸药、皮革制造、橡胶、纺织印染和电镀行业等[1]。因其水溶性高和化学稳定性好，可长期在环境中迁移扩散，导致大范围的水体污染，并最终给人类健康带来严重的威胁[2,3]。物理化学法去除 ClO_4^- 成本较高，反应条件苛刻，不适于大规模工业化应用。生物法去除 ClO_4^- 作为最为经济、有效的处理方法得到广泛的应用[4,5]。传统好氧生物处理无法有效降解 ClO_4^-，而厌氧生物降解受电子传递的限制去除 ClO_4^- 速率慢。目前，许多研究发现氧化还原介体具有催化强化 ClO_4^- 厌氧生物转化的作用[6-10]。但目前在介体催化强化 ClO_4^- 生物还原机理上的研究仍不完善。本章从介体催化强化 ClO_4^- 生物还原的酶学、电子传递机制及在生物燃料电池中的应用等几个方面展开了研究，为介体催化强化生物还原 ClO_4^- 提供新的理论支持和依据。

5.1 醌介体催化强化高氯酸盐降解特性

5.1.1 醌介体对高氯酸盐降解的影响

1. 介体种类对菌株 GWF 降解高氯酸盐的影响

分别选取了五种水溶性醌介体和五种非水溶性醌介体，考察其催化强化 *Acinetobacter bereziniae* 菌株 GWF（KM062029）降解高氯酸盐（ClO_4^-）特性。五种水溶性醌介体均可提高菌株 GWF 降解 ClO_4^- 的速率，加速顺序为：α-AQS>2, 6-AQDS>1, 5-AQDS>2, 7-AQDS>AQS>空白［图 5.1（a）］，即 α-AQS 加速效果最明显。而在非均相催化体系中，五种非水溶性醌介体加速 ClO_4^- 降解的性能为 1, 5-二氯蒽醌>1, 4, 5, 8-四氯蒽醌≥1,8-二氯蒽醌>蒽醌>1-氯蒽醌>空白［图 5.1（b）］。最佳非水溶性醌介体为 1,5-二氯蒽醌。醌介体加速的原因主要与醌基官能团有关，其 C＝O 键极为活泼，易发生氧化还原反应所致[11]。

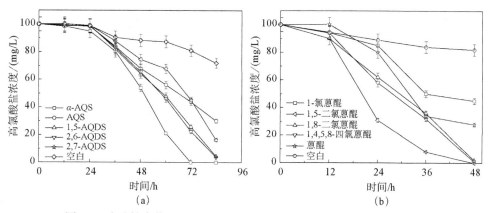

图 5.1 水溶性介体（a）和非水溶性介体（b）对高氯酸盐降解的影响

2. 介体浓度对菌株 GWF 降解 ClO_4^- 的影响

分别选取最优的水溶性醌介体 α-AQS 和非水溶性醌介体 1,5-二氯蒽醌为例，研究不同浓度醌介体对 ClO_4^- 降解的影响。α-AQS 浓度在 0.356～1.422mmol/L 范围内 ClO_4^- 降解速率均有所增加，当介体浓度高于 1.600mmol/L 时，对 ClO_4^- 降解产生抑制作用（图 5.2）。非水溶性醌介体 1,5-二氯蒽醌的最佳介体浓度为 0.036mmol/L[12]。介体浓度对 ClO_4^- 降解影响较大，其原因为：①可能受到体系中碳源的限制[13, 14]；②由于微生物自身介体相关酶的限制，其利用醌类介体化合物的量是有限的。在一定浓度范围内，介体可以促进降解过程，而过高浓度的介体可能对生物体自身产生毒害作用而限制其加速作用[15]。

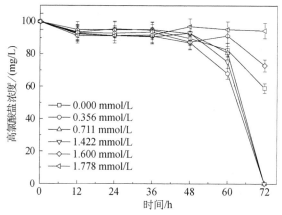

图 5.2 不同浓度 α-AQS 对菌株 GWF 降解高氯酸盐的影响

3. α-AQS 催化强化菌株 GWF 降解 ClO_4^- 机理探究

为探究介体对 ClO_4^- 降解过程的加速机理，分别研究了 ClO_3^- 浓度和 ClO_2^- 浓度对 ClO_4^- 降解的影响。当 ClO_3^- 浓度为 0.6mmol/L 时 ClO_4^- 降解最快，继续增加

ClO_3^- 浓度后，ClO_4^- 降解受到抑制。α-AQS 催化加速菌株 GWF 降解 ClO_4^- 的同时也减缓了 ClO_3^- 对 ClO_4^- 降解的抑制作用［图 5.3（a）］。结果表明 ClO_4^- 降解过程中，微生物可利用并且优先降解 ClO_3^-[16]。但添加 ClO_2^- 后，ClO_4^- 未发生降解现象［图 5.3（b）］。其原因主要为 ClO_2^- 对微生物有一定的毒性作用，抑制了亚氯酸盐歧化酶的活性或使其失活所致。同时，结果表明在 ClO_4^- 降解为 Cl^- 的过程中，可能没有 ClO_2^- 的积累[4, 17]。

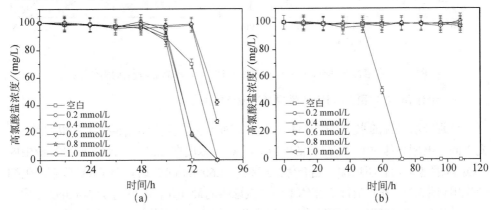

图 5.3　氯酸盐（a）和亚氯酸盐（b）对 α-AQS 催化高氯酸盐降解的影响

α-AQS 为 0.036mmol/L

5.1.2　环境因素对介体催化强化高氯酸盐降解的影响

1. 共存阴离子对 ClO_4^- 降解的影响

含 ClO_4^- 废水中常有 NO_3^- 和 SO_4^{2-} 等共存离子，为探究共存离子对 ClO_4^- 降解的影响，分别研究了 NO_3^- 浓度和 SO_4^{2-} 浓度对 α-AQS 催化 ClO_4^- 降解的影响。NO_3^- 浓度低于 30mg/L 可加速 ClO_4^- 降解，但随着 NO_3^- 浓度的升高，ClO_4^- 的降解出现较长的停滞期，表明菌株 GWF 优先降解高浓度的 NO_3^-［图 5.4（a）］，其主要原因为 ClO_4^-/Cl^-（E^0=1.28V）和 NO_3^-/N_2（E^0=1.25V）电势较为接近所致[18]。SO_4^{2-} 在较低浓度（5~10mg/L）时有利于 α-AQS 加速 ClO_4^- 降解，但 SO_4^{2-} 浓度在 20~40mg/L 范围内，α-AQS 对 ClO_4^- 降解并未起到加速效果［图 5.4（b）］。有研究表明共存 SO_4^{2-} 浓度高于 150mg/L 时会抑制 ClO_4^- 降解[17]。

2. 碳氯比对 ClO_4^- 降解的影响

碳氯比对微生物的代谢影响较大[4]。当不考虑微生物增长时理论碳氯比为 1[19]。但实际反应过程中微生物量会随着反应时间增加而增长，Xu 等[18]研究表明，在乙酸为 2000mg/L 条件下，500mg/L ClO_4^- 在 50h 时去除率达 100%，OD_{600} 值由 0.02 增加到 0.40，此时碳氯比约为 6.6。Li 等[20]根据物料守恒将理论反应式转化成实际反应式，考虑微生物增长所需理论碳氯比为 1.04（式 5-1）。但由于微生物参与反应使化学计量学复杂化，因此很难用这样简单的方程来精确地得出最优碳氯比。在 1,5-二氯蒽醌催化菌株 GWF 降解 ClO_4^- 的过程中，碳氯比为 1 时 ClO_4^- 去除率仅为 8%，但碳氯比增加至 8 时 ClO_4^- 去除率高达 100%（图 5.5）。

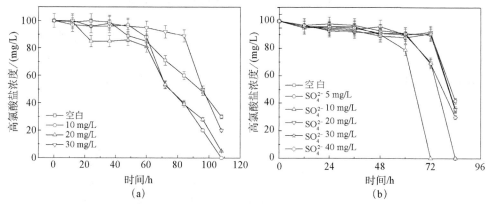

图 5.4　硝酸盐（a）和硫酸盐（b）对 α-AQS 催化高氯酸盐降解的影响

pH 为 8，温度为 30℃，α-AQS 为 0.036mmol/L

$$5.2CH_3COO^- + 5ClO_4^- + 0.08NH_4^+ \longrightarrow$$
$$0.08C_5H_7O_2N + 5Cl^- + 9CO_2\uparrow + HCO_3^- + 5.12H_2O + 4.12OH^- \quad\quad (5\text{-}1)$$

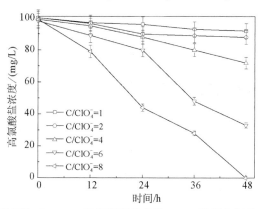

图 5.5　碳氯比对 1,5-二氯蒽醌催化菌株 GWF 降解高氯酸盐的影响

5.2　醌介体催化强化高氯酸盐降解机理

醌介体对污染物厌氧生物还原具有催化作用，但目前关于醌介体加速 ClO_4^-

生物降解过程的研究较少。为探究醌介体催化 ClO_4^- 降解机理，从酶学角度探究了 ClO_4^- 的降解位点，并利用电阻应答效应，通过添加不同抑制位点的抑制剂，探讨醌介体加速微生物降解 ClO_4^- 的电子传递途径及机理。

5.2.1 醌介体催化强化高氯酸盐降解酶学响应机制

通过提取胞内、胞外和膜上的 ClO_4^- 降解酶，研究不同位点酶对 ClO_4^- 的降解作用。结果表明 ClO_4^- 主要在胞外及膜上被降解[20]。在加入醌介体后发现介体对胞外酶及膜上酶的加速效果较为明显（图 5.6），有研究也发现 ClO_4^- 降解酶主要位于细胞膜上[21]。

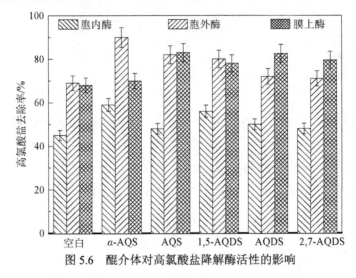

图 5.6 醌介体对高氯酸盐降解酶活性的影响

5.2.2 醌介体催化强化高氯酸盐降解电子传递机理

选取六种电子传递链抑制剂（辣椒素、QDH、NaN_3、双香豆素、CCCP、DCC），抑制特性见 1.2.4 节。通过阻碍特定电子传递位点，探讨 α-AQS 调控下 ClO_4^- 降解的电子传递机理。辣椒素对 ClO_4^- 的降解有明显抑制作用，但加入 α-AQS 后，辣椒素的抑制被解除（图 5.7），推断 α-AQS 的加速位点可能在 NADH-Q 还原酶即复合体 I 内[22]。QDH 浓度高于 0.024mmol/L 时，对 ClO_4^- 的降解有明显抑制作用，144h 时 ClO_4^- 去除率在 20%以内，但在 0.012mmol/L QDH 浓度下 α-AQS 可以缓解 QDH 的抑制（图 5.8），表明 α-AQS 的加速位点与 FAD 脱氢酶无关。NaN_3 存在会抑制 ClO_4^- 的降解，但加入 α-AQS 后可缓解其抑制作用（图 5.9），说明 α-AQS 参与了 ClO_4^- 的降解过程，并参与复合体IV的电子传递过程[22]。双香豆素对 ClO_4^- 降解的抑制程度随着抑制剂浓度增加而增加，加入 α-AQS 后可缓解其抑制作用（图 5.10），表明 ClO_4^- 降解过程中醌类化合物在电子传递过程中起着重要作用[23]。加入 CCCP 后，电子传递过程基本被终止，电子传递链被打断，电子和氢不能传递给最终的电子受体 ClO_4^-（图 5.11）。α-AQS 也无法缓解 CCCP 的抑制，表明电子无法穿透膜进入周质空间。因此，菌株 GWF 的 ClO_4^- 降解酶位于周质空间，且 α-AQS 并不参与电子的跨膜传递[24-26]。DCC 抑制 ClO_4^- 的降解，且抑制程度随 DCC 浓度的增加而增加，α-AQS 可以缓解 DCC 的抑制（图 5.12），说明 α-AQS 为 ATP 的合成提供了一个电子通道[27]。

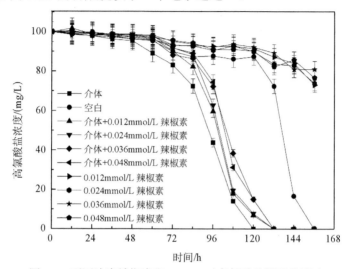

图 5.7　不同浓度辣椒素和 α-AQS 对高氯酸盐降解的影响

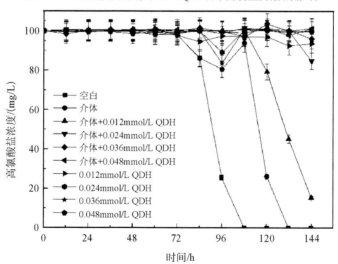

图 5.8　不同浓度 QDH 和 α-AQS 对高氯酸盐降解的影响

ClO_4^- 降解过程中电子传递路径和电子逐级传递所需的自由能如图 5.13 所示。在细胞质内乙酸被还原成二氧化碳并释放电子。NADH 脱氢酶接受两个电子和两个质子，NADH 被氧化成 NAD$^+$并且释放 1mol ATP。之后电子被转移到黄素单核苷酸（FMN）。与此同时，黄素腺嘌呤二核苷酸（FAD）被氧化成 FAD$^+$并且释放电子。复合体Ⅱ无法产生质子所以没有 ATP 产生。FADH$_2$ 将电子传递给辅酶 Q，自身又被氧化成 FAD。辅酶 Q 可以将电子传递给复合体Ⅲ。复合体Ⅲ的主要功能是将电子由辅酶 Q 传递给细胞色素 c（Cyt.c）。Cyt.c 再将电子传递给复合体Ⅳ。最后，电子脱离复合体Ⅳ，穿过细胞膜进入到周质空间参加 ClO$_4^-$ 降解过程。电子流经复合体Ⅲ和复合体Ⅳ分别释放出 0.5 个和 1 个 ATP。

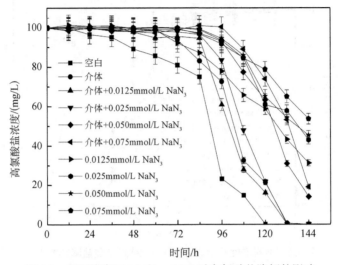

图 5.9 不同浓度 NaN$_3$ 和 α-AQS 对高氯酸盐降解的影响

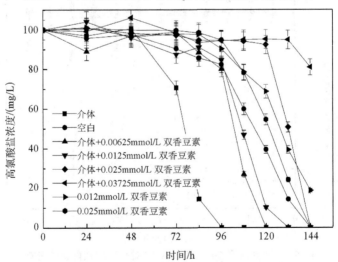

图 5.10 不同浓度双香豆素和 α-AQS 对高氯酸盐降解的影响

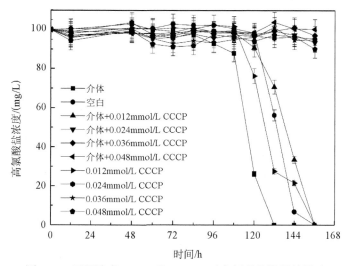

图 5.11　不同浓度 CCCP 和 α-AQS 对高氯酸盐降解的影响

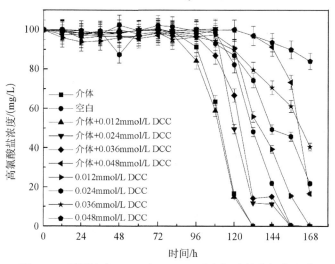

图 5.12　不同浓度 DCC 和 α-AQS 对高氯酸盐降解的影响

醌介体可以缓解不同抑制剂的抑制效果。α-AQS 缓解辣椒素对微生物降解 ClO_4^- 的抑制说明 α-AQS 作为一个电子载体,加速了微生物降解 ClO_4^-。另外,α-AQS 标准氧化还原电势($-0.108V$)略高于复合体 I 的标准氧化还原电势($-0.22V$),且都低于辅酶 Q($0.045V$),因此电子更容易由 α-AQS 传递到辅酶 Q。α-AQS 没有显著地缓解 QDH 的抑制,这可能是由于 FADH 脱氢酶的标准氧化还原电势高于 α-AQS。α-AQS 也可以在复合体 IV 和 ATP 合成过程修复破损的电子传递通道,起到架桥的作用。α-AQS 能消除双香豆素的抑制,表明由于 α-AQS 与醌的结构相似,α-AQS 可以取代醌参加微生物降解 ClO_4^- 的电子传递过程。

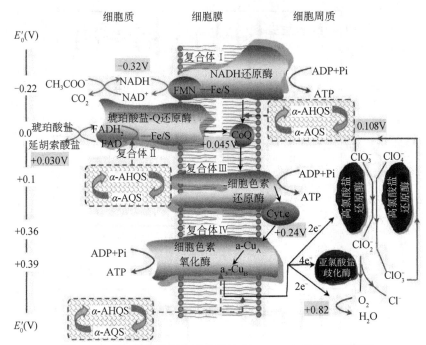

图 5.13　高氯酸盐降解电子传递链和 α-AQS 加速位点示意图

5.3　醌介体催化强化微生物燃料电池降解高氯酸盐特性

微生物燃料电池（MFC）因其特有的产能方式在废水生物处理领域具有较好的应用前景，但由于电流输出功率密度低，制约了其在工业上的应用。氧化还原介体是一种可以将化学反应速率提高一至几个数量级的化合物，其应用克服了生物转化速率慢的缺点，并为 MFC 高效降解污染物提供新思路[28]。为此，分别考察了刃天青、AQDS 和中性红三种醌介体对 MFC 产电及 ClO_4^- 降解性能的影响，探讨了介体调控 MFC 的电子传递机理，并分析了醌介体对微生物群落结构的影响。

5.3.1　醌介体种类对 MFC 产电及高氯酸盐降解性能的影响

1. 中性红对产电和 ClO_4^- 降解性能的影响

不同浓度的中性红介体对 MFC 产电及 ClO_4^- 降解性能都有不同程度的提高。中性红浓度在 $2\sim6\mu mol/L$ 范围内，MFC 产电及 ClO_4^- 降解性能都随介体投加浓度增加而增加，其中最高输出电压增加了 6.25%～22.9%，完全去除 ClO_4^- 的时间缩短了 2～7h。然而，在介体浓度高于 8μmol/L 时，ClO_4^- 完全去除大约需要 8h。当添加 10μmol/L 中性红时完全去除 ClO_4^- 需要大约 13h，输出电压为空白组的 83%（图 5.14）。主要由于中性红是一类羰基有机物且伴有毒性，微生物对较低浓度的中性红有一定的耐受力，有利于提高 MFC 产电及 ClO_4^- 降解性能，较高浓度的中性红容易引起微生物中毒[29]。

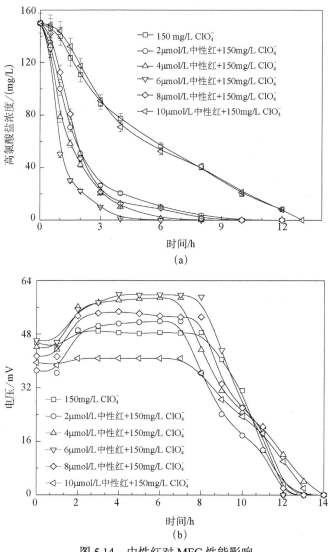

图 5.14　中性红对 MFC 性能影响

（a）中性红对高氯酸盐降解影响；（b）中性红对产电的影响

2. AQDS 对产电和 ClO$_4^-$ 降解性能的影响

不同浓度的 AQDS 对 MFC 产电及 ClO$_4^-$ 降解性能都有不同程度的提高。添加 5μmol/L 和 10μmol/L AQDS 时 MFC 的电压增加了 29.2%和 31.2%，而添加 15μmol/L AQDS 时 MFC 的电压反而是空白组的 78%。同时在添加 15μmol/L 时，ClO$_4^-$ 降解速率也明显低于添加 5μmol/L 和 10μmol/L 时的降解速率（图 5.15）。表明 AQDS 浓度为 15μmol/L 时超过了微生物对毒性的耐受力，导致微生物活性降低，产电能力和 ClO$_4^-$ 降解能力随之下降[30]。

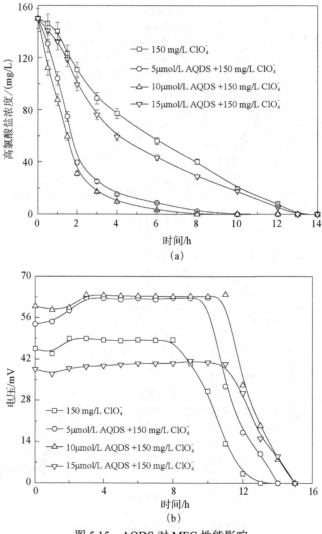

图 5.15　AQDS 对 MFC 性能影响

（a）AQDS 对高氯酸盐降解影响；（b）AQDS 对产电的影响

3. 刃天青对产电和 ClO_4^- 降解性能的影响

不同浓度的刃天青对 MFC 产电及 ClO_4^- 降解性能都有不同程度的提高。刃天青浓度为 3~9μmol/L 时，介体投加浓度越大，越有利于 MFC 产电和 ClO_4^- 降解性能的提高，其中电压增加了 1.7%~24.5%。然而当刃天青为 12μmol/L 时，MFC 产电性能并没有提升，ClO_4^- 降解速率低于 9μmol/L 刃天青时的 ClO_4^- 降解速率（图 5.16）。主要由于刃天青是一类羰基有机物，伴有毒性，微生物对较低浓度的刃天青有一定的耐受力，主要表现为提高了 MFC 的性能，但较高浓度的刃天青容易引起微生物中毒。

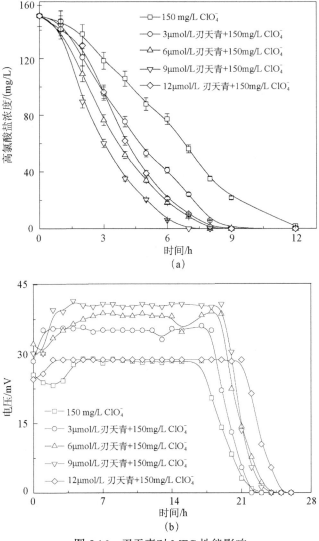

图 5.16　刃天青对 MFC 性能影响

（a）刃天青对高氯酸盐降解影响；（b）刃天青对产电的影响

5.3.2　醌介体调控 MFC 产电呼吸链

通过将 3 种抑制剂和 9μmol/L 刃天青分别添加至 8 个 MFC 阳极培养液中，从呼吸链上探究刃天青的加速位点。添加刃天青能缓解甚至消除辣椒素、鱼藤酮和双香豆素对 MFC 产电和 ClO_4^- 降解的抑制，并且在一定程度上提高 ClO_4^- 的降解性能（图 5.17）。由此推测刃天青在产电呼吸链中的 NADH 脱氢酶、NADH-Q 还原酶以及甲基萘醌上均起加速作用，刃天青在呼吸链上的加速位点如图 5.18 所示。

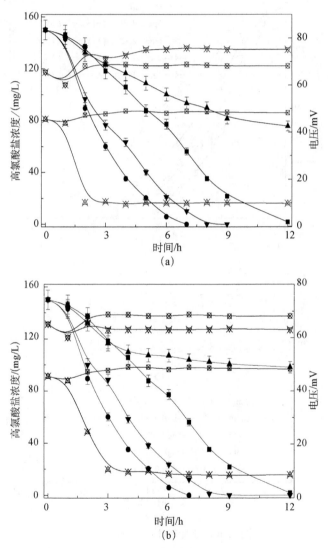

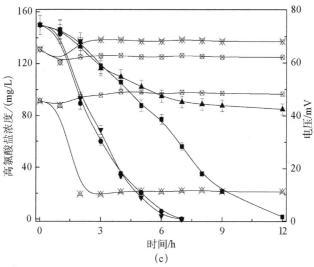

图 5.17 刃天青在微生物呼吸链上的加速作用

（a）添加刃天青和辣椒素对 MFC 性能的影响； （b）添加刃天青和鱼藤酮对 MFC 性能的影响；

（c）添加刃天青和双香豆素对 MFC 性能的影响

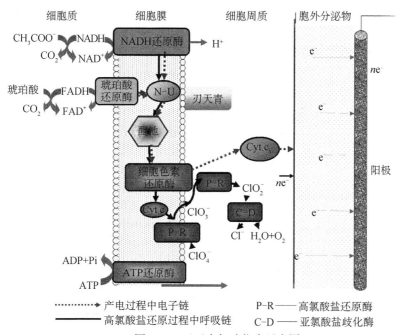

图 5.18 刃天青加速位点示意图

5.3.3 醌介体对产电呼吸菌的影响

为探究醌介体对 MFC 中菌落结构的影响，对比添加刃天青和未添加刃天青的两个 MFC 中的微生物菌落[21]。发现在未添加介体的阳极微生物菌落中，*Chloroflexi*、unclassified-bacterium、*Firmicutes*、*Proteobacteria*、*Bacteroidetes*、*Planctomycetes* 所占的比例分别为 7.59%、12.95%、8.31%、64.95%、4.43%和 0.96%，而添加介体的阳极微生物菌落中，*Chloroflexi*、unclassified-bacterium、*Firmicutes*、*Proteobacteria*、*Bacteroidetes*、*Planctomycetes* 所占的比例分别为 28.44%、22.34%、11.21%、22.26%、3.22%和 2.85%。此外，*Euryarchaeota*（5.10%）仅存在于添加介体的 MFC 中（图 5.19）。*Chloroflexi 和 Proteobacteria* 既是 ClO_4^- 降解菌又是

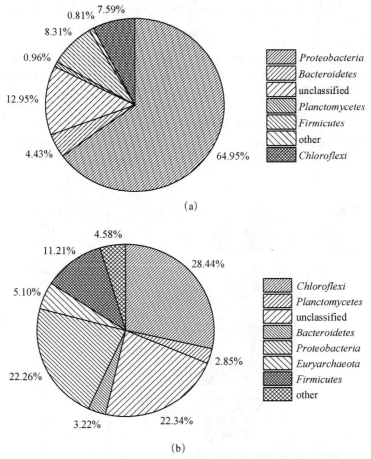

图 5.19　介体对 MFC 阳极微生物菌落结构的影响

（a）未添加刃天青；（b）添加刃天青

产电菌[31,32]。*Proteobacteria* 对刃天青具有一定的敏感性，在添加醌介体后所占比例由 64.95%减少到 22.26%。*Bacteroidetes* 和 *Firmicutes* 可能主要是用来降解 ClO_4^- 的菌种。新增菌种和优势菌种均提高了 MFC 的 ClO_4^- 降解和产电性能。

参考文献

[1] Song W，Gao B，Wang H，et al. The rapid adsorption-microbial reduction of perchlorate from aqueous solution by novel amine-crosslinked magnetic biopolymer resin. Bioresource Technology，2017，240：68-76.

[2] Ye L，You H，Yao J，et al. Water treatment technologies for perchlorate：A review. Desalination，2012，298：1-12.

[3] Ye L，You H，Yao J，et al. Seasonal variation and factors influencing perchlorate in water，snow，soil and corns in Northeastern China. Chemosphere，2013，90（10）：2493-2498.

[4] Zhu Y，Gao N，Chu W，et al. Bacterial reduction of highly concentrated perchlorate：Kinetics and influence of co-existing electron acceptors，temperature，pH and electron donors. Chemosphere，2016，148：188-194.

[5] Lian J，Tian X，Guo J，et al. Effects of resazurin on perchlorate reduction and bioelectricity generation in microbial fuel cells and its catalyzing mechanism. Biochemical Engineering Journal，2016，114：164-172.

[6] Fp V D Z，Cervantes F J. Impact and application of electron shuttles on the redox（bio）transformation of contaminants：A review. Biotechnology Advances，2009，27（3）：256-277.

[7] Guo J，Zhou J，Wang D，et al. Biocatalyst effects of immobilized anthraquinone on the anaerobic reduction of azo dyes by the salt-tolerant bacteria. Water Research，2007，41（2）：426-432.

[8] Guo J，Kang L，Wang X，et al. Decolorization and Degradation of Azo Dyes by Redox Mediator System with Bacteria. Berlin Heidelberg：Springer，Netherlands，2010：85-100.

[9] Perminova I V，Hatfield K，Hertkorn N. Use of Humic Substances to Remediate Polluted Environments：From Theory to Practice. Springer，Netherlands，2009：3-37.

[10] Cervantes F J，Garciaespinosa A，Morenoreynosa M A，et al. Immobilized redox mediators on anion exchange resins and their role on the reductive decolorization of azo dyes. Environmental Science & Technology，2010，44（5）：1747-1753.

[11] Li H，Guo J，Lian J，et al. Effective and characteristics of anthraquinone-2,6-disulfonate（AQDS）on denitrification by *Paracoccus versutus* sp.GW1. Environmental Technology，

2013，34（17）：2563-2570.

[12] 张媛媛，郭延凯，张超，等. 非水溶性醌加速菌 GWF 生物还原高氯酸盐的研究. 环境科学，2016，37（3）：988-993.

[13] Liu G，Yang H，Wang J，et al. Enhanced chromate reduction by resting *Escherichia coli* cells in the presence of quinone redox mediators. Bioresource Technology，2010，101（21）：8127-8131.

[14] Sauriasari R，Wang D H，Takemura Y，et al. Cytotoxicity of lawsone and cytoprotective activity of antioxidants in catalase mutant *Escherichia coli*. Toxicology，2007，235（1-2）：103-111.

[15] Ling J，Hong L U，Zhou J，et al. Quinone-mediated decolorization of sulfonated azo dyes by cells and cell extracts from *Sphingomonas xenophaga*. Journal of Environmental Sciences，2009，21（4）：503-508.

[16] Zhang C，Guo J，Jing L，et al. Characteristics of electron transport chain and affecting factors for thiosulfate-driven perchlorate reduction. Chemosphere，2017，185：539-547.

[17] Lian J，Tian X，Li Z，et al. The effects of different electron donors and electron acceptors on perchlorate reduction and bioelectricity generation in a microbial fuel cell. International Journal of Hydrogen Energy，2017，42（1）：544-552.

[18] Xu X，Gao B，Bo J，et al. Study of microbial perchlorate reduction：Considering of multiple pH，electron acceptors and donors. Journal of Hazardous Materials，2015，285：228-235.

[19] Coates J D，Jackson W A. Principles of Perchlorate Treatment，In situ Bioremediation of perchlorate in groundwater. New York：Springer New York，2009：29-53.

[20] Li K，Guo J，Li H，et al. A combined heterotrophic and sulfur-based autotrophic process to reduce high concentration perchlorate via anaerobic baffled reactors: Performance advantages of a step-feeding strategy. Bioresource Technology，2019，279：297-306.

[21] Lian J，Tian X，Guo J，et al. Effects of resazurin on perchlorate reduction and bioelectricity generation in microbial fuel cells and its catalyzing mechanism. Biochemical Engineering Journal，2016，114：164-172.

[22] Woźnica A，Dzirba J，Mańka D，et al. Effects of electron transport inhibitors on iron reduction in *Aeromonas hydrophila* strain KB1. Anaerobe，2003，9（3）：125-130.

[23] Xi Z，Guo J，Lian J，et al. Study the catalyzing mechanism of dissolved redox mediators on bio-denitrification by metabolic inhibitors. Bioresource Technology，2013，140：22-27.

[24] Gullick R W，Lechevallier M W，Barhorst T S. Occurrence of perchlorate in drinking

water sources. Journal American Water Works Association，2001，93（1）：66-77.

[25] Dey S，Paul A K. Optimization of cultural conditions for growth associated chromate reduction by *Arthrobacter* sp SUK 1201 isolated from chromite mine overburden. Journal of Hazardous Materials，2012，213-214：200-206.

[26] Wang S，Guo J，Lian J，et al. Rapid start-up of the anammox process by denitrifying granular sludge and the mechanism of the anammox electron transport chain. Biochemical Engineering Journal，2016，115：101-107.

[27] Das S K，Guha A K. Biosorption of hexavalent chromium by *Termitomyces clypeatus* biomass：Kinetics and transmission electron microscopic study. Journal of Hazardous Materials，2009，167（1-3）：685-691.

[28] Chang S H，Wu C H，Chang D K，et al. Effects of mediator producer and dissolved oxygen on electricity generation in a baffled stacking microbial fuel cell treating high strength molasses wastewater. International Journal of Hydrogen Energy，2014，39（22）：11722-11730.

[29] Barbosa P，Peters T M. The effects of vital dyes on living organisms with special reference to methylene blue and neutral red. Histochemical Journal，1971，3（1）：71-93.

[30] Chang B V，Yuan S Y，Ren Y L. Anaerobic degradation of tetrabromobisphenol-A in river sediment. Ecological Engineering，2012，49（12）：73-76.

[31] Milner E M，Popescu D，Curtis T，et al. Microbial fuel cells with highly active aerobic biocathodes. Journal of Power Sources，2016，324：8-16.

[32] Pham C A，Jung S J，Phung N T，et al. A novel electrochemically active and Fe（Ⅲ）-reducing bacterium phylogenetically related to Aeromonas hydrophila，isolated from a microbial fuel cell. Fems Microbiology Letters，2001，7（6）：297-306.

第6章 介体调控重金属污染微生物修复

微生物对金属元素的地球化学循环起重要的作用，微生物与金属元素之间的相互作用包括同化作用（合成代谢，指微生物利用金属元素合成辅酶类细胞物质参与微生物的生理活动）和异化作用（生物还原，其本质是降低金属元素的价态）。微生物具有良好的环境适应性和应变能力，可以利用大多数金属元素作为外部电子受体进行生物还原作用，从环境中迁移转化并最终分离重金属元素，如将高毒性的铬（Ⅵ）生物还原为低毒性易沉淀的铬（Ⅲ）、以晶质铀矿（UO_2）形式生物矿化水溶性铀酰离子（Ⅵ）、利用水溶性钯（Ⅱ）盐生物合成零价纳米颗粒等，绿色环保的微生物还原法广泛应用于水体重金属污染降解、土壤及场地重金属生物修复、稀缺金属材料合成与回收等领域。

地壳铁元素的自然丰度十分高，在表层土壤及沉积物中主要以铁锰氧化物形式存在，是科研人员最早关注的生物还原电子受体。金属还原菌可以通过直接接触传递电子还原高价态铁锰氧化物，也可以依靠腐殖质富含的水溶性电子穿梭体在非接触条件下间接传递电子。电子穿梭体最早指一些含醌基的小分子，这一概念后来拓宽到多种类别的氧化还原介体，介体通过促进电子在胞外长程传递使微生物得以利用更大范围的电子受体。大量基于微生物形态结构、生理生化、生态分布的研究表明，希瓦氏菌可以分泌醌和黄素氧化还原介体加速生物还原铁锰氧化物；地杆菌可以通过菌毛感知并还原可溶的氧化还原介体，待电子受体消耗殆尽后驱动鞭毛运动到下一个生境；低浓度的腐殖质模型化合物 AQDS 可以显著加速希瓦氏菌和地杆菌还原铁锰氧化物的还原速率[1,2]，氧化还原介体可降低生物反应能量壁垒，加速多种生物化学反应速率，利用介体调控重金属生物还原可以弥补传统生物还原法耗时、低效的应用短板。本章内容为课题组在介体调控重金属微生物还原方面的研究总结，同时参考了水溶介体催化重金属元素迁移转化 20 年的研究成果，系统介绍了介体调控重金属污染生物修复的理论与技术。

6.1　介体调控铬的生物还原机理与技术

6.1.1　介体调控铬（Ⅵ）的生物还原机理

铬（Ⅵ）对环境有持久危害性，可以结合 DNA 和蛋白质损坏细胞功能[3]，微生物通过细胞积累、胞外还原、吸附作用、盐释放、胞内还原、启动酶系统和流出泵等多种胞内及胞外的机制生物还原铬（Ⅵ）[4]，产生的铬（Ⅲ）可以与富电子蛋白质形成螯合物积累沉淀下来[5]，不同于将砷（Ⅲ）氧化的阳离子解毒机制，天然环境及微生物细胞中缺少将铬（Ⅲ）再氧化的机制，因此铬（Ⅵ）的生物还原作用是不可逆的。如图 6.1 所示,好氧条件下铬（Ⅵ）的生物还原依赖铬还原剂和 NADH-铬酸盐还原酶，铬（Ⅵ）的还原反应会产生铬（Ⅴ）、铬（Ⅳ）、活性自由基等一系列中间产物，细胞质中生物抗氧化剂谷胱甘肽、半胱氨酸、抗坏血酸同时也是铬（Ⅵ）还原剂，能迅速结合活性自由基还原铬（Ⅵ），特别是抗坏血酸对铬（Ⅵ）的结合能力最强，还原速率最大[6, 7]；厌氧条件下都参与铬（Ⅵ）的生物还原，铬（Ⅵ）作为膜电子传递的最终电子受体，可接受包括 NAD（P）H、糖类、蛋白质、脂类、氢和其他内源电子储备体传递的电子[8-11]，铬（Ⅵ）还原酶的活性与细胞色素复合物（细胞色素 b 和 c）有密切关系[12]。

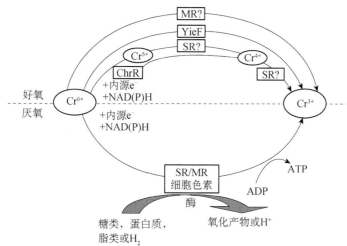

图 6.1　好氧和厌氧条件下微生物直接还原铬（Ⅵ）

SR 和 MR 分别代表可溶性还原酶和膜结合还原酶

除微生物直接还原铬（Ⅵ）外，还存在呼吸作用产生的次级代谢产物与铬（Ⅵ）发生氧化还原反应的间接还原现象，铁还原菌还原铁氧化物生成的离子态铁（Ⅱ）

可以化学还原铬（Ⅵ），硫酸盐还原菌呼吸硫酸盐产生的硫化物可化学还原并沉淀铬（Ⅲ）[13]。在好氧潮湿土壤环境中，AH_2DS（AQDS 还原态）可以将电子传递给毒性强、价态高的铬（Ⅵ），加速溶解度低的铬（Ⅲ）相析出，从而提高生物还原速率[14]，添加 AQDS 可增强铬（Ⅵ）的还原同时抑制铬（Ⅲ）氧化，说明氧化还原介体材料对高铬污染土壤的原位修复具有重要意义，但现阶段缺少系统的介体催化铬（Ⅵ）生物还原技术研究。

6.1.2 介体调控铬（Ⅵ）生物还原的影响因素

研究表明，微量添加水溶性醌介体可加速铬（Ⅵ）的生物法处理效果，醌介体取代基数量和位置的差异会显著影响介体的生物催化效率。许志芳等分离并筛选鞣革车间排水渠底泥中铬（Ⅵ）还原菌，该菌株对铬（Ⅵ）的最小抑制浓度（MIC）为 32mmol/L。如图 6.2 所示，对比五种水溶性蒽醌介体（0.16mmol/L）调控铬（Ⅵ）还原菌还原 1.0mmol/L 铬（Ⅵ）的催化效率，其中蒽醌-2-磺酸钠（AQS）在还原反应 4h 时对铬（Ⅵ）去除率已高达 98%，比对照体系提高了 80%，是其他介体催化反应体系的 2～4 倍。Guo 等[15]添加 0.8mmol/L AQS 试验 *Escherichia coli*.BL21 还原铬（Ⅵ），培养 7.5h 后铬（Ⅵ）的还原效率可达到空白对照组的 4.69 倍，AQS 调控铬（Ⅵ）生物还原是酸碱中性（pH=6.00～7.00）且吸热的反应。实验数据拟合得到阿伦尼乌斯方程，反应速率常数 $\ln k$ 和 T^{-1} 具有高度相关性（R^2=0.9486），结合线性关系式 $y=-7.6629x+26.759$ 与阿伦尼乌斯方程，得到该催化还原反应的活化能 E_a=63.71kJ/mol。

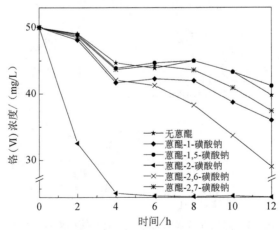

图 6.2　不同醌介体调控铬（Ⅵ）生物还原效果

1. 碳源的影响

碳源为微生物生长代谢提供细胞的骨架，提供细胞生命活动所需的能量，异养微生物可以通过氧化糖类、油脂、有机酸酯和小分子醇获得电子，微生物存在多种利用小分子碳源（少于三碳）的路径，微生物的生理代谢酶体系的不同决定其对碳源的偏好性利用，以重金属还原菌 *Shewanella oneidensis* MR-1 为例，该菌株的终端电子受体具有广谱性，偏好碳源为三碳的小分子乳酸盐。铬还原菌 *Cellulomonas* sp. ES6 分别以乳酸盐、木糖和蔗糖三种碳源和不同终端电子受体（含铁矿物、氧气、延胡索酸、无受体）共培养 21d 后，以氧气为终端电子受体时 *Cellulomonas* sp. ES6 菌增长量最大，而木糖是该菌株的偏好碳源。碳源对介体与铬（VI）还原速率之间作用关系的实验表明，微生物的偏好碳源和 AQDS 协同作用可以提高铬（VI）还原速率，说明介体提升了电子在供需体间传递效率，有利于生化反应的正向进行，微生物对碳源的利用更充分，不易引起次级代谢物积累导致的菌体旺盛繁殖产生大量的酸性物[16-18]。

2. 共存离子的影响

铁（III）氧化物存在时铬（VI）的毒性会抑制电子从微生物到铁矿物间的转移，微量 AQDS 协同铁氧化物的还原体系明显提高了铬（VI）的生物还原速率，含铁氧化物和 AQDS 存在协同增效作用，AQDS 可以作为微生物和铁氧化物之间的电子穿梭体，促进铁矿物还原，铁（II）的生成间接地加速了铬（VI）的还原[19]。紫外可见光谱显示 AH_2DS 会发生反歧化反应转化成氧化态 AQDS 和半醌自由基 $AQDS^{*-}$（表 6.1），随 AH_2DS 含量增加而持续产生的半醌自由基限制了电子转移，降低铁（II）的产量，铬（VI）的还原速率也相应降低[14]。许志芳等实验共存阴离子 MoO_4^{2-}、CO_3^{2-}、PO_4^{3-}、MnO_4^-、WO_4^{2-}、SiO_4^{2-}、SO_4^{2-}、SO_3^{2-}、ClO_4^-、NO_2^- 和 NO_3^- 对 AQS 催化 *Mangroveibacter* sp.Cr1 还原铬（VI）的影响（图 6.3），大部分阴离子会抑制 Cr（VI）的生物还原，NO_2^- 的抑制作用最为显著，显示了在对介体的利用上，生物硝化作用比铬（VI）生物还原作用占优势，SO_3^{2-} 和 SO_4^{2-} 会促进铬（VI）生物还原，其可能的原因同样指向与介体反应生成的次级代谢产物加速了铬（VI）的还原速率。铬还原菌、硫酸盐还原菌、铁还原菌分别还原铬（VI）的实验表明，间接还原的动力学系数远大于生物直接还原的系数，揭示了代谢产物间接还原在 Cr（VI）还原中的优势地位[20]。

表 6.1　铬（VI）的直接氧化与间接氧化反应式

序号	方程式	反应类型
1	$3AH_2DS + 2Cr（VI）\longrightarrow 3AQDS + 2Cr（III）$	直接氧化
2	$AQDS + AH_2DS \longrightarrow 2AQDS^{*-}+2H^+$	反歧化反应
3	$AH_2DS + 2Fe（III）\longrightarrow AQDS+2Fe（II）$ $3Fe（II）+ Cr（VI）\longrightarrow Cr（III）+3Fe（III）$	间接氧化
4	$AH_2DS + SO_4^{2-} \longrightarrow AQDS+SO_3^{2-}$ $3SO_3^{2-}+2Cr（VI）\longrightarrow 3SO_4^{2-}+2Cr（III）$	间接氧化

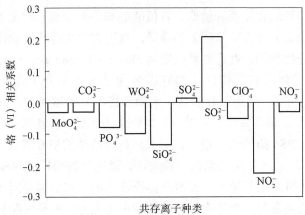

图 6.3　共存阴离子对铬（Ⅵ）还原过程的影响

3. 氧化还原电位的影响

模型醌介体 AQDS 的标准氧化还原电位（E_0AQDS/AH$_2$DS=0.23V）低于六价 Cr（E_0Cr（Ⅵ）/Cr（Ⅲ）=1.28V），可以在厌氧条件下催化加速微生物降解铬（Ⅵ）。利用 *S. oneidensis* 进行长达三个月的厌氧铬（Ⅵ）还原的实验，在 16d、50d 和 70d 时氧化还原电位分别为−300mV、−200mV 和−250mV，恰好对应铬（Ⅵ）的迅速减少，虽然实验选取的样本数量不够多，但依然显示出低的氧化还原电位与高的铬（Ⅵ）还原速率存在一定关系[21]［图 6.4（b）］。许志芳利用 *Mangrove bacteria* sp. Cr1 还原铬（Ⅵ），投加介体 AQS 的体系在铬（Ⅵ）快速还原的第 4d，其氧化还原电位急剧下降，最终稳定在−480mV 左右，低于无介体的纯菌培养体系。介体的添加改变了铬（Ⅵ）还原过程中的某些电子传递路径或速率，使体系的稳定 ORP 发生了改变［图 6.4（a）］，有利于反应的快速进行。

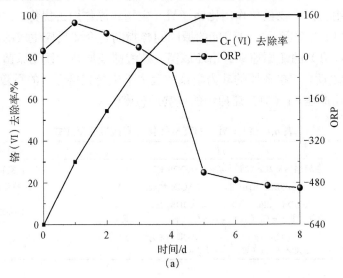

(a)

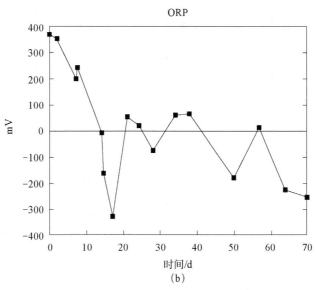

图 6.4　铬（Ⅵ）还原过程中 ORP 变化

6.1.3　AQS 调控铬（Ⅵ）生物还原电子传递机制

电子传递抑制剂具有特异性的抑制位点，可以阻断呼吸链中的特定环节，从而判断电子传递的顺序，八种抑制剂氯化铜（$CuCl_2$）、鱼藤酮（rotenone）、辣椒素（capsaicin）、双香豆素（dicoumarol）、奎吖因（quinacrine）、羰基氰基 3-氯苯腙（CCCP）、二环己基碳二亚胺（DCCD）和叠氮化钠（NaN_3）对应的抑制位点见第 5 章，此章节不再赘述，抑制剂对 *M. plantisponsor* 菌体生长及活性的影响可忽略不计（图 6.5）。实验表明，NADH 脱氢酶的辅基铁硫蛋白、NADH-CoQ 氧化还原酶参与了 AQS 调控 *M. plantisponsor* 还原 Cr（Ⅵ）的电子传递过程，是 AQS 的加速位点；NADH 脱氢酶、FAD 脱氢酶、质子跨质膜转运、ATP 合成酶与 AQS 催化 *M. plantisponsor* 还原铬（Ⅵ）过程竞争电子，是 AQS 调控 *M. plantisponsor* 还原铬（Ⅵ）的电子传递的限速步骤；双香豆素和叠氮化钠的作用不明显，说明二者的抑制位点甲基萘醌、细胞色素氧化酶基本不参与 AQS 调控 *M. plantisponsor* 还原铬（Ⅵ）的电子传递过程。

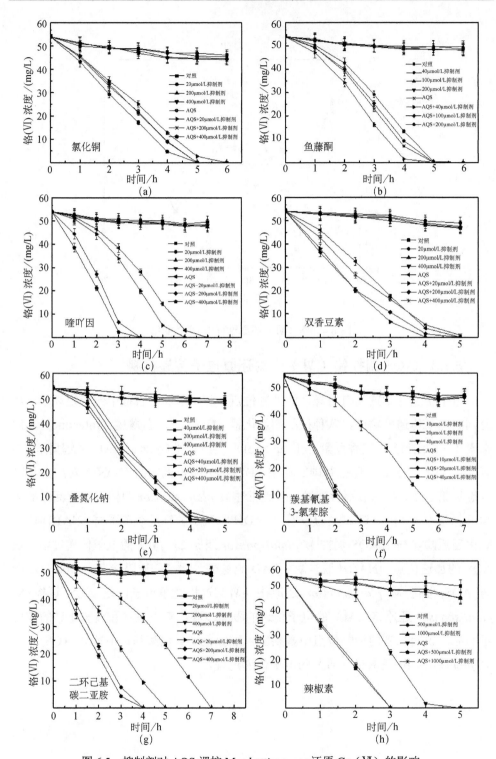

图 6.5 抑制剂对 AQS 调控 M. *plantisponsor* 还原 Cr（Ⅵ）的影响

6.2　介体调控碲的生物还原机理与技术

6.2.1　介体调控碲（Ⅳ）的生物还原机理

水溶性碲酸盐（Ⅵ）和亚碲酸盐（Ⅳ）为碲污染修复的主体，亚碲酸盐较碲酸盐的毒性更高，十倍于汞、钴、锌、铬等其他金属离子的毒性，大部分微生物对亚碲酸盐耐受浓度低至 $1.00\mu g/mL$[22, 23]。亚碲酸盐对微生物的毒性源于其强氧化性，微生物通过甲基化或酶促/非酶促在胞内和胞外还原为低毒性的零价碲等多种解毒机制。1945 年 Challenger[24]提出"生物甲基化"，开始关注碲的生物反应机理，并列出从亚碲酸到生成二甲基碲化物 CH_3TeCH_3 的详细步骤。重组 *Geobacillus stearothermophilus* 基因的大肠杆菌与碲盐共培养，检测到甲基碲的生成，甲基碲具挥发性，易于从生物基体中分离[25, 26]。生物甲基化确实在一定程度上解释了生物解毒的机理，因为产物毒性低于初始亚碲酸盐。亚碲酸盐与细胞接触会消耗硫醇（RSHs）和亚铁离子，RSHs 含有化学性质活泼易于氧化的巯基，能够还原靶蛋白中的二硫键，是微生物维持细胞质氧化还原平衡的屏障，以亚铁为底物[27]的血红素生物合成终端酶失活导致原卟啉（protoporphyrin Ⅸ）积累，通过电子或能量转移产生超氧化物（$O_2{}^{·-}$）或单态氧（$^1O_2$），超氧化物歧化生成的过氧化氢（H_2O_2）与游离亚铁离子发生类芬顿反应，生成剧毒的羟基自由基（$·OH$）。当氧化还原屏障 RSHs 耗尽，大量活性氧（包含单态氧、超氧化物、过氧化氢、羟基自由基等）与原卟啉直接结合胞内大分子导致细胞死亡（图 6.6）。综上所述，目前关于亚碲酸盐生物还原及生物烷基化的原因尚不明确，但普遍认为微生物通过生成不溶低毒的固态或气态碲进行生物解毒，亚碲酸盐生物可持续还原与胞内硫醇直接相关。

Ramos-Ruiz 等[29]使用未驯化产甲烷颗粒污泥还原亚碲酸盐（Ⅳ），颗粒污泥内生底物提供亚碲酸盐（Ⅳ）还原所需的电子，外源介体可以不同程度地提高反应速率并且增加胞外纳米颗粒产率,核黄素使亚碲酸盐的还原速率提高了 11 倍，并增加了 43%胞外产率，指甲花醌可提高 5 倍还原速率同时增加 34%胞外产率，无核黄素的上流式厌氧污泥反应器（UASB）处理 20mg/L 亚碲酸盐（Ⅳ），其负荷为 1.53mg Te（Ⅳ）L/h，添加微量核黄素的 UASB 提高了亚碲酸盐容积负荷（3.06mg Te（Ⅳ）L/h），从而提升了亚碲酸盐的处理能力，氧化还原电位显示核黄素（$E_0RF/RFH_2=-0.208V$）作为电子穿梭体降低了电子在电子供体与亚碲酸盐

（E_0Te（Ⅳ）/Te（0）=0.196V）间反应活化能，从而加速了亚碲酸盐的还原速率。此外，透射电镜表征显示添加不同介体可以改变碲纳米颗粒晶形及胞外产率，调控纳米颗粒的产量、尺寸甚至于各种光电特性，为氧化还原介体有效调控生物修复技术指明新的方向，为发展实用高效稀有（非）金属生物修复及资源化指明了方向。

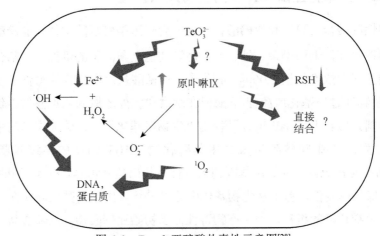

图 6.6　*E. coli*.亚碲酸盐毒性示意图[28]

6.2.2　介体调控碲（Ⅳ）生物还原的影响因素

谷胱甘肽（还原型 GSH；氧化型 GSSG）由谷氨酸、半胱氨酸和甘氨酸结合，是微生物体内含量极大的硫醇小分子[30]，谷胱甘肽的活性巯基氧化还原可螯合大部分金属元素，依赖 GSH 的微生物保护机制见于革兰氏阴性菌中[31]，革兰氏阴性菌可以还原亚碲酸盐（Ⅳ），在细胞周质沉积黑色碲纳米颗粒[32, 33]。如图 6.7 金属还原模式菌株 *Shewanella oneidensis* MR-1 连续培养 12h，胞内 GSH 的浓度可以保持在 63.66～69.99nmol/g（cell），利用 *S.oneidensis* MR-1 还原亚碲酸盐（Ⅳ）的实验中，共培养 4h 检测 GSH 的浓度锐减到纯菌培养的五分之一，表明亚碲酸盐（Ⅳ）生物还原过程是一个对 GSH 不断消耗的过程，纯化学对照实验同样证明了 GSH 确实可以还原亚碲酸盐（Ⅳ），亚碲酸盐（Ⅳ）最大的还原速率出现在 GSH 与亚碲酸盐（Ⅳ）的摩尔比为 4∶1，推断的反应方程式为 $TeO_3^{2-}+4GSH+2H^+ \longrightarrow GSTeSG+GSSG+3H_2O$，不稳定的含碲中间体会分解产生碲纳米颗粒与 GSSG。与化学对照相比，*S.oneidensis* MR-1 还原亚碲酸盐（Ⅳ）还原效率提高了 20～60 倍，微生物可以通过抗氧化酶源源不断合成 GSH，也存在将 GSSG 再还原的谷胱甘肽还原机制。Rigobello 等[34, 35]在 NADPH 存在下利用谷胱甘肽还原酶还原了亚碲酸盐（Ⅳ），说明亚碲酸盐（Ⅳ）的细胞代谢过程可能共享谷胱甘肽的代谢路径。丁硫氨酸-亚砜亚胺（BSO）是抗氧化酶的活性抑制剂，可以减少生物合成谷胱甘肽抑制亚碲酸盐（Ⅳ）的生物还原，希瓦氏菌与 5.0mmol/L BSO 共培养 12h 后，亚碲酸盐（Ⅳ）的还原效率降低了 10%，亚碲酸盐（Ⅳ）生物还原抑制现象在 36h 后消失，此时三个还原体系的 GSH 消耗量为 BSO>BSO+AQDS>对照，说明外源介体 AQDS 除催化加速微生物还原亚碲酸盐（Ⅳ）的电子传递效率外，还可能参与调控胞内 GSH 的氧化还原循环。

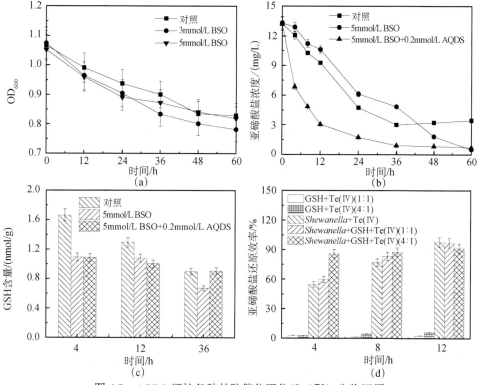

图 6.7　AQDS 调控谷胱甘肽催化强化碲（Ⅳ）生物还原

AQDS 和 GSH 的氧化还原电位（E_0'AQDS/AH$_2$DS=0.23V，E_0' GSSG/GSH=0.240V）低于亚碲酸盐（Ⅳ）的氧化还原电位（E_0' Te（Ⅳ）/Te（0）=+0.827V），说明氧化还原反应在热力学上是可行的。如图 6.8 所示，$S.oneidensis$ MR-1 还原亚碲酸盐（Ⅳ）培养 12h 后，亚碲酸盐（Ⅳ）还原效率分别为 AQDS+GSH（96.26%）>AQDS（76.95%）>GSH（52.20%），说明介体与还原硫醇对亚碲酸盐（Ⅳ）的生物还原具有协同增强的效果，在还原速率最快的 8～12h 期间，AQDS 显著降低了还原体系的氧化还原电位，最低的氧化还原电位（−390mV）出现在 AQDS 与 GSH 共存的还原体系中，暗示了 AQDS 可能改变了 GSH 在微生物体系的氧化还原代谢路径或参与亚碲酸盐（Ⅳ）的生物还原。

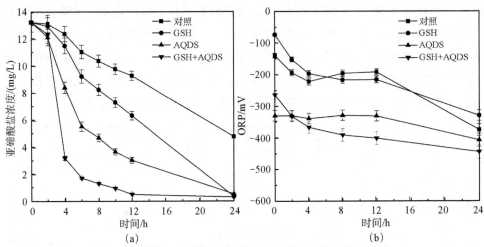

图 6.8 氧化还原电位与亚碲酸盐（Ⅳ）还原速率的关系

6.2.3 AQDS 调控碲（Ⅳ）生物还原电子传递机制

利用呼吸代谢阻断抑制法探究 AQDS 调控 *S. oneidensis* MR1 还原亚碲酸盐（Ⅳ）的电子传递链的催化位点，纯菌与亚碲酸盐（Ⅳ）对照体系共培养 24h 后，亚碲酸盐（Ⅳ）的还原效率为 64%，双香豆素、辣椒素、DCCD、CCCP 的加入完全抑制了碲（Ⅳ）的还原，在上述抑制剂体系中加入 0.2mmol/L AQDS 的亚碲酸盐（Ⅳ），还原效率分别为 62%、63%、60%、62%，说明 AQDS 催化了相关抑制位点的电子传递速率；鱼藤酮、敌草隆和抗霉素 A 体系的还原效率分别为 40%、45%、55%，轻微抑制了亚碲酸盐（Ⅳ）的生物还原，在上述抑制剂体系中加入 0.2mmol/L AQDS 的亚碲酸盐（Ⅳ）的还原效率分别为 59%、60%、61%，AQDS 同样消除了一部分抑制作用；NaN3 未能抑制亚碲酸盐（Ⅳ）的还原速率，说明亚碲酸盐（Ⅳ）生物还原的电子转移路径与细胞色素氧化酶相关性不高。如图 6.9 所示，AQDS 调控亚碲酸盐（Ⅳ）生物还原电子传递路径与经典的呼吸链类似，电子通过还原性 NAD（P）H 脱氢经醌池循环最终传递给细胞色素 c（Cyt.c），亚碲酸盐（Ⅳ）生物还原受 ATP 的合成和质子泵跨膜转运影响，可能的原因是少量亚碲酸盐（Ⅳ）利用磷酸盐渗透酶进入细胞内是耗能过程，AQDS 通过加速亚碲酸盐（Ⅳ）胞外还原抑制其主动运输进入胞内。大量研究表明亚碲酸还原酶是非特异性的，硫氧蛋白还原酶、氢化酶、富里酸还原酶、半胱氨酸和硫醇蛋白都曾被用于亚碲酸盐生物还原，这可能是 AQDS 调控碲（Ⅳ）生物还原具有多个加速位点的原因。

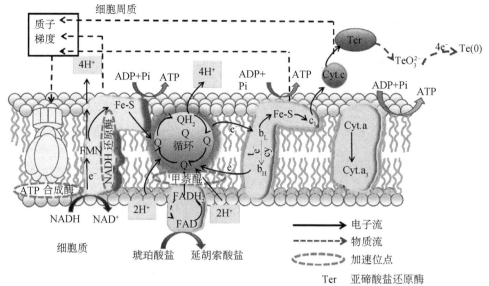

图 6.9　AQDS 调控亚碲酸盐（Ⅳ）生物还原电子传递路径

6.3　介体调控其他金属生物还原技术

6.3.1　介体调控土壤重金属生物提取

砷在空气、土壤、沉积物和水等环境中主要以氧化物或砷酸（Ⅴ）盐、亚砷酸（Ⅲ）盐两种无机形式存在，砷（Ⅴ）与铁氧及铝氧化物有很强的结合能力，是砷污染土壤及沉积物中的优势形态，与之相比，毒性更强的砷（Ⅲ）与氧化物的结合能力弱，更易于从固相溶解，因此如何利用微生物进行砷的高效还原及有效溶解是砷污染土壤微生物提取技术拟解决的关键问题。Chen 等利用 0.05mmol/L、0.10mmol/L、1.00mmol/L 三种浓度 AQDS 调控高砷沉积物砷生物还原行为，微量 AQDS（0.05mmol/L）加速了近 13 倍砷的还原，高通量测序显示 AQDS 同时增大金属还原菌群的丰度（36%），微生物菌群的金属还原生理代谢导致溶解性有机质（DOM）基质中砷（Ⅴ）和铁（Ⅲ）组分不断消耗，产生大量砷（Ⅲ）-铁（Ⅱ）-腐殖质 DOM 复合物（图 6.10）。相似的研究结果见于与砷同属第 VA 族的锑，Wang 等利用 AQDS 调控菌群的厌氧锑酸盐呼吸作用，微区 X 射线荧光光谱分析表明 AQDS 的加入有效增加了微生物还原及溶解铁氧化物的能力，间接加速了离子态锑的释放。

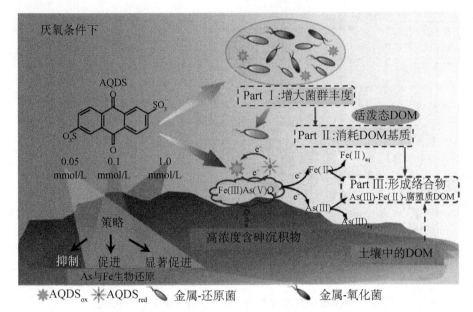

图 6.10　高砷沉积物中 AQDS 对砷（V）还原行为的影响

Yamamura 等利用 AQDS 调控硒砷芽孢杆菌提取不同基底含砷（V）沉积物，尽管铝基沉积物中发生了 AQDS 还原（持续产生 AQDS 的还原产物 AH$_2$DS），AQDS 既没有加速砷还原速率，也没有增强固相砷溶解效率；将污染基底换成铁基沉积物进行类似实验显著加速了砷和铁的溶解，AQDS 可以加速微生物还原及增加离子态铁，减弱砷与铁间结合能，使砷（V）更有效被砷还原菌利用，并且溶出的离子态砷（III）可以抑制砷的再次固定，受试土壤可以达到 41.67% 的去除率（总砷 2400ppm）；AQDS 与核黄素调控其他自然菌群进行污染土壤砷提取实验，不同环境条件下砷对电子穿梭体的响应不尽相同，次生亚铁（II）矿物晶体（如蓝铁矿、菱铁矿等）的大量积累会使砷再次固定，电子穿梭体能够激发微生物群落中的铁溶出活性，形成非晶体或结晶度差的铁（水合）氧化物（如纤铁矿），间接增强砷的迁移能力。AQDS 协同微生物的土壤提取技术不会破坏土壤元素平衡造成水土流失，其高效的去除效率和低廉的费用成本显示含醌或具有氧化还原活性的物质（如维生素、活性炭和香草酸）在土壤砷污染修复方面广阔的应用前景[36-42]。

6.3.2　介体调控放射性核素生物修复

放射性核素指能自发地放出射线（如 α 射线、β 射线等），可衰变形成稳定原子核的不稳定核素，大约有 200 种以上的放射性核素正应用于社会生活的各个方面，科技发展的同时带来了放射性废料堆存和放射性核素污染，目前学术界普遍认为放射性核素的化学毒性远远强于其放射性的危害，将溶解度高、环境流动能力强的放射性核素吸附、还原、固定、矿化为溶解度低的形态与价态已成为环境修复研究的热点和难点。缺乏特异性还原酶（或存在酶抑制作用）的耐辐射球菌不能直接还原铀（VI）和锝（VII），但可以利用 AQDS 作为电子穿梭体间接还原铀（VI）和锝（VII），0.10mmol/L AQDS 存在时耐辐射球菌可还原 95%～100%的铀（VI）和锝（VII）（初始浓度 5～100μmol/L），AQDS 的氧化还原电位（E_0'=0.23V）低于铀和锝（E_0' U（VI）/U（IV）=0.69V，E_0' Tc（VII）/Tc（IV）=0.75V），因此生物还原产生的 AH$_2$DS 还原铀（VI）与锝（VII）在热力学上是可行的，存在 AQDS 和碳源的生物还原体系氧化还原电位稳定在–0.227V，是铀（IV）和锝（IV）可以稳定的二氧化物形式存在的还原性环境。

1991 年 Lovley 课题组首次证明水溶性铀酰离子（VI；UO$_2^{2-}$）可以被生物还原并沉淀矿化为晶质铀矿（IV；UO$_2$），大大降低了铀（VI）在环境中的溶解度和迁移能力，人们开始关注利用微生物矿化固定化铀的环境修复研究。微生物矿化固定化铀（VI）存在四个基本机制：微生物直接还原及沉淀铀（IV）；细胞吸收并积累；表面吸附；含磷化合物水解为无机磷酸盐螯合固定铀（VI）。除直接还原外，厌氧环境下腐殖酸可以促进电子转移间接还原及沉淀铀（IV），同时加速十倍还原速率，然而，一旦暴露于氧气或大量硝酸盐及反硝化中间体时，铀（IV）与腐殖质形成的复合物会在几分钟内迅速再次氧化为铀（VI）。在土壤及沉积物中铀（VI）的矿化固定化历时缓慢，可能的原因是铀（VI）被大量铁（III）氧化物吸附到固体矿物微孔内，导致酶促的直接生物还原反应难以发生。地杆菌还原铁（III）矿物和 0.10mmol/L 铀（VI）的实验中，超过 95%的铀（VI）被吸附到铁（III）矿物表面，且铀（VI）的还原速率与铁（III）氧化物表面载荷有弱相关性，显然此吸附铀（VI）的还原速率要由固液界面的反应速率控制。AQDS 的加入增强了地杆菌对铁（III）和铀（VI）两者的还原速率和程度，而微孔环境酶的电子转移在动力学上受到限制，似乎 AQDS 将电子传递到氧化物表面的微孔内是基于动力学的因素而非热力学因素。AQDS 对低浓度溶解铀的影响较小，但可以通过增强固液传质显著加速微量吸附铀（VI）的还原，这与 AH$_2$DS 还原柱铀矿（VI）的实验结果相一致[43-53]。

6.3.3 介体调控贵金属催化剂生物回收

钯等贵金属是炼油、电子等工业生产常用的催化剂，由于纳米材料（直径在 0.1～100nm）比块体催化剂具优越的催化特性，微生物可以在常温条件利用可溶性钯（Ⅱ）合成纳米钯，且无须使用大量的强还原剂和昂贵的聚合物稳定剂及封盖剂，人们开始对利用微生物从废物中回收贵金属越发关注。普遍认为金属生物还原的位点是周质、细胞质和与膜结合的酶，通过自催化还原持续生成纳米颗粒。纳米颗粒在胞内合成会使细胞膜突出、破裂，甚至引发细胞失活，导致每个还原周期都需要培养新的细菌。电子穿梭体 AQDS 通过促进电子长程转移使电子向胞外钯（Ⅱ）传递，钯（Ⅱ）不需要直接接触细胞表面就可以得到电子，促使纳米颗粒在细胞表面或胞外积累，生化作用持续产生的氢醌可以有效加速钯（Ⅱ）还原速率，氧化还原介体调控技术是一项很有吸引力的促进纳米催化剂合成并易于从微生物细胞中分离回收的合成技术（图 6.11）。Tuo 等利用 AQDS 调控钯（Ⅱ）和铂（Ⅳ）的生物还原也得到类似结论，介体增强还原速率同时缩小了纳米颗粒尺寸。比较生物合成的催化剂与商品化催化剂对污染物还原的催化活性可以得到直观的结论，以 AQDS 调控生物合成的纳米催化剂催化硼氢化钠还原 4-硝基苯酚，其催化活性依次为：钯-铂（AQDS）≈钯-铂>钯（AQDS）>钯>铂（AQDS）≈铂，表明介体调控作用对生物合成钯-铂这类双金属纳米催化剂的高效合成与稳定的活性具有潜在的应用价值[54-57]。

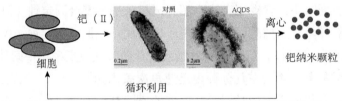

图 6.11　AQDS 调控微生物还原钯（Ⅱ）合成纳米催化剂

参考文献

[1] Lloyd J R，Blunt-Harris E L，Lovley D R. The periplasmic 9.6-kilodalton c-type cytochrome of *Geobacter sulfurreducens* is not an electron shuttle to Fe（Ⅲ）. Journal of Bacteriology，1999，181（24）：7647-7649.

[2] Newman D K，Kolter R. A role for excreted quinones in extracellular electron transfer. Nature，2000，405（6782）：94-97.

[3] Zhitkovich A. Chromium in drinking water：Sources，metabolism，and cancer risks. Chemical Research in Toxicology，2011，24（10）：1617-1629.

[4] Tahri J N，Sayel H，Bahafid W，et al. Mechanisms of hexavalent chromium resistance and removal by microorganisms. Reviews of Environmental Contamination and Toxicology，2015，233：45-69.

[5] Ksheminska H，Fedorovych D，Babyak L，et al. Chromium（Ⅲ）and（Ⅵ）tolerance and

bioaccumulation in yeast: A survey of cellular chromium content in selected strains of representative genera. Process Biochemistry, 2005, 40 (5): 1565-1572.

[6] Pradhan D, Sukla L B, Sawyer M, et al. Recent bioreduction of hexavalent chromium in wastewater treatment: A review. Journal of Industrial and Engineering Chemistry, 2017, 55: 1-20.

[7] Guttmann D, Poage G, Johnston T, et al. Reduction with glutathione is a weakly mutagenic pathway in chromium(Ⅵ)metabolism. Chemical Research in Toxicology, 2008, 21(11): 2188-2194.

[8] Qamar M, Gondal M A, Yamani Z H. Synthesis of nanostructured NiO and its application in laser-induced photocatalytic reduction of Cr (Ⅵ) from water. Journal of Molecular Catalysis A: Chemical, 2011, 341 (1): 83-88.

[9] Richardson D J. Bacterial respiration: A flexible process for a changing environment. Microbiology, 2000, 146 (Pt 3): 551-571.

[10] Dhal B, Thatoi H N, Das N N, et al. Chemical and microbial remediation of hexavalent chromium from contaminated soil and mining/metallurgical solid waste: A review. Journal of Hazardous Materials, 2013, 250-251: 272-291.

[11] Cheung K H, Gu J D. Mechanism of hexavalent chromium detoxification by microorganisms and bioremediation application potential: A review. International Biodeterioration & Biodegradation, 2007, 59 (1): 8-15.

[12] Miransari M. Hyperaccumulators, arbuscular mycorrhizal fungi and stress of heavy metals. Biotechnology Advances, 2011, 29 (6): 645-653.

[13] Qian J, Zhou J, Wang L, et al. Direct Cr (Ⅵ) bio-reduction with organics as electron donor by anaerobic sludge. Chemical Engineering Journal, 2017, 309: 330-338.

[14] Tomaszewski E J, Ginder-Vogel M. Decreased electron transfer between Cr (Ⅵ) and AH₂DS in the presence of goethite. Journal of Environment Quality, 2018, 47 (1): 139-146.

[15] Guo J, Lian J, Xu Z, et al. Reduction of Cr (Ⅵ) by *Escherichia coli* BL21 in the presence of redox mediators. Bioresource Technology, 2012, 123: 713-716.

[16] Gerlach R, Field E K, Viamajala S, et al. Influence of carbon sources and electron shuttles on ferric iron reduction by *Cellulomonas* sp. strain ES6. Biodegradation, 2011, 22 (5): 983-995.

[17] Field E K, Gerlach R, Viamajala S, et al. Hexavalent chromium reduction by *Cellulomonas* sp. strain ES6: The influence of carbon source, iron minerals, and electron shuttling compounds. Biodegradation, 2013, 24 (3): 437-450.

[18] Serres M H, Riley M. Genomic analysis of carbon source metabolism of *Shewanella oneidensis* MR-1: Predictions versus experiments. Journal of Bacteriology, 2006, 188 (13): 4601-4609.

[19] Meng Y, Zhao Z, Burgos W D, et al. Iron(Ⅲ)minerals and anthraquinone-2, 6-disulfonate (AQDS) synergistically enhance bioreduction of hexavalent chromium by *Shewanella*

oneidensis MR-1. Science of the Total Environment，2018，640-641：591-598.

[20] Somasundaram V，Philip L，Bhallamudi S M. Laboratory scale column studies on transport and biotransformation of Cr（Ⅵ）through porous media in presence of CRB，SRB and IRB. Chemical Engineering Journal，2011，171（2）：572-581.

[21] Lowe K L，Straube W，Little B，et al. Aerobic and anaerobic reduction of Cr（Ⅵ）by *Shewanella oneidensis* effects of cationic metals，sorbing agents and mixed microbial cultures. Engineering in Life Sciences，2010，23（2-3）：161-178.

[22] Nies D H. Microbial heavy metal resistance. Applied & Environmental Microbiology，1999，51（6）：730-750.

[23] Harrison J J，Ceri H，Stremick C A，et al. Biofilm susceptibility to metal toxicity. Environmental Microbiology，2004，6（12）：1220-1227.

[24] Challenger F. Biological methylation. Chemical Reviews，1945，36（3）：315-361.

[25] Araya M A，Jr S J，Plishker M F，et al. *Geobacillus stearothermophilus* V ubiE gene product is involved in the evolution of dimethyl telluride in *Escherichia coli* K-12 cultures amended with potassium tellurate but not with potassium tellurite. JBIC Journal of Biological Inorganic Chemistry，2004，9（5）：609-615.

[26] Swearingen J W，Fuentes D E，Araya M A，et al. Expression of the ubiE gene of *Geobacillus stearothermophilus* V in *Escherichia coli* K-12 mediates the evolution of selenium compounds into the headspace of selenite- and selenate-amended cultures. Applied & Environmental Microbiology，2006，72（1）：963-967.

[27] And C H，Storz G. Roles of the glutathione- and thioredoxin-dependent reduction systems in the *Escherichia Coli* and *Saccharomyces Cerevisiae* responses to oxidative stress. Annual Review of Microbiology，2000，54（1）：439-461.

[28] Morales E H，Pinto C A，Luraschi R，et al. Accumulation of heme biosynthetic intermediates contributes to the antibacterial action of the metalloid tellurite. Nature Communications，2017，8：153-165.

[29] Ramos-Ruiz A，Field J A，Wilkening J V，et al. Recovery of elemental tellurium nanoparticles by the reduction of tellurium oxyanions in a methanogenic microbial consortium. Environmental Science & Technology，2016，50（3）：1492-1500.

[30] Turner R J，Aharonowitz Y，Weiner J H，et al. Glutathione is a target in tellurite toxicity and is protected by tellurite resistance determinants in *Escherichia coli*. Canadian Journal of Microbiology，2001，47（1）：33-40.

[31] Zhang J，Fu R Y，Hugenholtz J，et al. Glutathione protects *Lactococcus lactis* against acid stress. Applied & Environmental Microbiology，2007，73（16）：5268-5275.

[32] Pages D，Rose J，Conrod S，et al. Heavy metal tolerance in *Stenotrophomonas maltophilia*. Plos One，2008，3（2）：1539-1540.

[33] Ollivier P R, Bahrou A S, Marcus S, et al. Volatilization and precipitation of tellurium by aerobic, tellurite-resistant marine microbes. Applied & Environmental Microbiology, 2008, 74 (23): 7163-7173.

[34] Rigobello M P, Folda A, Citta A, et al. Interaction of selenite and tellurite with thiol-dependent redox enzymes: Kinetics and mitochondrial implications. Free Radical Biology & Medicine, 2011, 50 (11): 1620-1629.

[35] Rigobello M P, Gandin V, Folda A, et al. Treatment of human cancer cells with selenite or tellurite in combination with auranofin enhances cell death due to redox shift. Free Radical Biology & Medicine, 2009, 47 (6): 710-721.

[36] Yamamura S, Sudo T, Watanabe M, et al. Effect of extracellular electron shuttles on arsenic-mobilizing activities in soil microbial communities. Journal of Hazardous Materials, 2018, 342: 571-578.

[37] Wu S, Fang G, Wang D, et al. Fate of As (III) and As (V) during microbial reduction of arsenic-bearing ferrihydrite facilitated by activated carbon. ACS Earth and Space Chemistry, 2018, 2 (9): 878-887.

[38] Wang L, Ye L, Yu Y, et al. Antimony redox biotransformation in the subsurface: Effect of indigenous Sb (V) respiring microbiota. Environmental Science & Technology, 2018, 52 (3): 1200-1207.

[39] Chen Z, Wang Y, Jiang X, et al. Dual roles of AQDS as electron shuttles for microbes and dissolved organic matter involved in arsenic and iron mobilization in the arsenic-rich sediment. Science of the Total Environment, 2017, 574: 1684-1694.

[40] Cutting R S, Coker V S, Telling N D, et al. Microbial reduction of arsenic-doped schwertmannite by *Geobacter sulfurreducens*. Environmental Science & Technology, 2012, 46 (22): 12591-12599.

[41] Yamamura S, Watanabe M, Kanzaki M, et al. Removal of arsenic from contaminated soils by microbial reduction of arsenate and quinone. Environmental Science & Technology, 2008, 42 (16): 6154-6159.

[42] Mukhopadhyay R, Rosen B P, Phung L T, et al. Microbial arsenic: From geocycles to genes and enzymes. FEMS Microbiology Reviews, 2002, 26 (3): 311-325.

[43] Brookshaw D R, Pattrick R A, Bots P, et al. Redox interactions of Tc (VII), U (VI), and Np (V) with microbially reduced biotite and chlorite. Environmental Science & Technology, 2015, 49 (22): 13139-13148.

[44] Brown A R, Wincott P L, LaVerne J A, et al. The impact of gamma radiation on the bioavailability of Fe (III) minerals for microbial respiration. Environmental Science & Technology, 2014, 48 (18): 10672-10680.

[45] Fredrickson J K, Kostandarithes H M, Li S W, et al. Reduction of Fe (III), Cr (VI), U (VI), and Tc (VII) by *Deinococcus radiodurans* R1. Applied & Environmental

Microbiology，2000，66（5）：2006-2011.

[46] Jeon B H，Kelly S D，Kemner K M，et al. Microbial reduction of U（Ⅵ）at the solid-water interface. Environmental Science & Technology，2004，38（21）：5649-5655.

[47] Liu J X，Xie S B，Wang Y H，et al. U（Ⅵ）reduction by *Shewanella oneidensis* mediated by anthraquinone-2-sulfonate. Transactions of Nonferrous Metals Society of China，2015，25（12）：4144-4150.

[48] Lloyd J R. Microbial reduction of metals and radionuclides. FEMS Microbiology Reviews，2003，27（2-3）：411-425.

[49] Pearce C I，Wilkins M J，Zhang C，et al. Pore-scale characterization of biogeochemical controls on iron and uranium speciation under flow conditions. Environmental Science & Technology，2012，46（15）：7992-8000.

[50] Sivaswamy V，Boyanov M I，Peyton B M，et al. Multiple mechanisms of uranium immobilization by *Cellulomonas* sp. strain ES6. Biotechnology and Bioengineering，2011，108（2）：264-276.

[51] Williamson A J，Morris K，Law G T，et al. Microbial reduction of U（Ⅵ）under alkaline conditions：Implications for radioactive waste geodisposal. Environmental Science & Technology，2014，48（22）：13549-13556.

[52] Ahmed B，Cao B，McLean J S，et al. Fe（Ⅲ）reduction and U（Ⅵ）immobilization by *Paenibacillus* sp. strain 300A，isolated from Hanford 300A subsurface sediments. Applied & Environmental Microbiology，2012，78（22）：8001-8009.

[53] Gu B，Yan H，Zhou P，et al. Natural humics impact uranium bioreduction and oxidation. Environmental Science & Technology，2005，39（14）：5268-5275.

[54] Tuo Y，Liu G，Dong B，et al. Microbial synthesis of bimetallic PdPt nanoparticles for catalytic reduction of 4-nitrophenol. Environmental Science and Pollution Research，2017，24（6）：5249-5258.

[55] Yates M D，Cusick R D，Logan B E. Extracellular palladium nanoparticle production using *Geobacter sulfurreducens*. ACS Sustainable Chemistry & Engineering，2013，1（9）：1165-1171.

[56] Tuo Y，Liu G，Zhou J，et al. Microbial formation of palladium nanoparticles by *Geobacter sulfurreducens* for chromate reduction. Bioresource Technology，2013，133：606-611.

[57] Pat-Espadas A M，Razo-Flores E，Rangel-Mendez J R，et al. Reduction of palladium and production of nano-catalyst by *Geobacter sulfurreducens*. Applied Microbiology and Biotechnology，2013，97（21）：9553-9560.

第三篇　介体理论与应用展望

第 7 章　电子宏介体理论与应用展望

环境生物介体理论与技术是以微生物呼吸理论和电子传递链理论为基础，立足于电子穿梭体概念，通过在介体类型、污染物谱宽等方面的不断拓展，以及在工程中试中的不断应用而逐步发展和形成的一门新兴理论与技术。自 20 世纪末期 Lovely 等在 *Nature* 发表文章阐述氧化还原介体在污染物生物代谢体系中的作用至今，历经近三十年的研究，环境生物介体理论与技术取得了一定的成果，但其理论和应用目前仍有待于进一步深入与完善。本书基于现有氧化还原介体研究工作的相关成果，提出了生物电子宏介体的概念，并对电子宏介体的理论与应用进行了展望。

7.1　介体理论展望

生物电子宏介体是指所有能够调控或影响生物新陈代谢过程电子传递速率、效率和途径的物质。生物电子宏介体的研究内容并不局限于目前人们所熟悉的电子穿梭体的范畴，还可基于电子传递理论、能量学理论、电容理论及群体感应理论等理论，进一步拓展和深入其内涵。

7.1.1　氧化还原电子宏介体（电子穿梭体）理论

氧化还原介体，即电子穿梭体，可以加速电子从电子供体到电子受体的传递过程。关于氧化还原介体的基本概念与发展历程，在本书第一篇里已经进行了较为系统的介绍，在本章所要讨论的是宏观意义上的氧化还原电子宏介体理论与技术。氧化还原电子宏介体理论的提出拓展了传统的氧化还原介体的概念，它不仅包含了典型的氧化还原电子介体模型化合物，如蒽醌-2，6-二磺酸钠（AQDS）、核黄素（VB_2）等，还涉及其他天然或化学合成的具有氧化还原特性的物质，如卟啉、光敏染料等具有传递电子功能的化合物。

生物电子传递链包括传统的电子传递链和光合电子传递链等。在电子传递链中涉及多种不同化学结构的物质参与，其中辅酶 Q 具有醌类的结构，核黄素具有吩嗪类的结构，NADH 具有烟酰胺的结构，细胞色素具有卟啉的结构。近些年，研究者对醌类和吩嗪类介体影响微生物厌氧生物电子传递过程已经进行了较为广泛的研究；然而，酰胺类和卟啉类化合物同样具有合适的氧化还原电位、溶解性、跨膜运输能力，针对以上两类物质对微生物厌氧生物电子传递过程的催化和强化作用的研究，有待于在今后的研究中广泛开展。卟啉类化合物由于其易于传递电子的特性，被普遍应用于光敏体系、氧化还原反应体系和催化体系，如钴卟啉可加速 CO_2 的光催化还原；锌卟啉可经过电化学作用催化 CO_2 还原为 CO；铁卟啉化合物（如血红素），可以在 $Li-O_2$ 电池中加速电子的传递。课题组开展了五种卟啉和金属卟啉类化合物对微生物的厌氧生物电子传递影响的研究，研究结果显示卟啉和金属卟啉类化合物对生物反硝化和偶氮染料的厌氧生物脱色均具有较好的催化作用，这是由于卟啉和金属卟啉类化合物可以降低反应体系的活化能，改变体系的氧化还原电位，参与电子传递链的电子传递过程。卟啉这一类具有氧化还原特性、可由微生物自身分泌或外源合成的物质，能直接参与或调控微生物代谢过程中电子传递的化合物，也可被称为氧化还原电子宏介体。

因此，基于前期研究基础，对于新型电子介体加速微生物电子传递过程的机制及其生物相容性等内容的深入解析是当前氧化还原电子宏介体理论亟须解决和攻克的难点之一。

7.1.2　生物能量电子宏介体理论

物质代谢与能量代谢是一切生命活动的基础。在物质代谢过程中，微生物可以通过具有氧化还原特性的化学物质来介导底物的代谢过程；同样，从能量代谢的角度来讲，在自然界中存在的多种能量形式中，光子、光电子和价电子均是自然界中重要的能量形式，这三种物质主要表现为太阳光子、半导体矿物光电子和元素价电子，微生物可以通过生物光子、生物光电子和生物价电子等途径进行光能与生物能之间的能量代谢。以光能为例，在光-半导体-微生物系统中，利用半导体作为介体物质，产生光电子进一步与微生物作用，因而半导体这类介体物质可被认为是生物能量电子介体中的一类。这类介体物质可被认为是生物能量介体中的一种，其与太阳光和微生物之间存在的某种内在联系，对于深刻理解光电子能量的产生、调控环境中污染物（如金属元素等）的化学存在形式和地球物质化学循环机制等重大科学问题有重要意义。

由于能量的产生是通过不同物质之间的能量差造成的电子流动而获得的，如果环境中只存在高还原性的光电子，没有能量差，微生物也无法获得电子能量。半导体在日光激发下形成的光电子与光空穴对中，光电子可以作为微生物的电子供体提供能量，光空穴也可以作为微生物的最终电子受体，使半导体全面地参与微生物的生长代谢过程[1]。也就是说自然界中半导体矿物光催化特性与微生物群落协同作用的实质是不同反应界面上的电子传递，即光能-化学能-生物能之间的能量传递与转化，而半导体矿物质则可作为该电子传递链中的一种能量传递介体物质，在一定范围内促进反应的发生。半导体与微生物之间的电子传递途径，可通过直接或间接的方式将光电子传递至微生物被利用。有研究表明化能自养微生物嗜酸性氧化亚铁硫杆菌（*Acidithiobacillus ferrooxidans*）能够利用半导体矿物（针铁矿）光生电子进行生长代谢，这一电子传递途径以 Fe^{2+}/Fe^{3+} 氧化还原对作为电子介体，细菌氧化体系中 Fe^{2+} 生成 Fe^{3+}，Fe^{3+} 可被光电子还原为微生物可利用的 Fe^{2+}，从而实现细菌对光能的间接利用。这种半导体光生电子对微生物生长代谢的促进作用揭示了在自然界中可能普遍存在的非光合微生物利用太阳能的新途径。由于金属氧化物与硫化物等半导体矿物在地表中广泛存在，自然界中大量存在的还原性物质如抗坏血酸、腐殖质和还原性无机物等能够捕获半导体矿物由光催化产生的氧化性光空穴，从而分离出还原性光电子。这种利用导电性胞外复合物质将光电子能量传递给微生物，进而被利用，并促进微生物的生长代谢，间接实现了光电子的利用过程。

在半导体矿物光电子传递过程中，尤其针对非光合微生物利用太阳光能途径，半导体矿物或半导体与氧化还原活性物质的复合物，起到了类似于光合色素的作用，使得一些不能直接利用光能的非光合作用微生物，可以有效利用可见光诱导下半导体光催化作用所产生的光电子。这一系列反应可以说明，在光能转化为生物能的过程中，半导体矿物及其他可用于能量传递的化合物（如光敏染料等）可以作为能量代谢过程的中间介体，通过吸收光子能量产生光电子、传递光电子进而被微生物利用。类似于这种生物能量介体的物质还包括能够介导或促进电能、热能、机械能等向生物能转化的中介体类，也可将其归类为生物能量电子宏介体的范畴，这种新型介体及其功能的发现，为人类构建非生物利用的能量转化为生物能的人工体系提供了重要的研究思路，也为电子宏介体基础理论的建立和发展提供了崭新的研究方向。

7.1.3　生物电容电子宏介体理论

微生物燃料电池的功率较低的问题是影响微生物燃料电池发展的瓶颈，因而选择具有潜力的阳极材料并对其进行表面修饰，被认为是提高微生物燃料电池阳极产电性能和整体功率输出的重要因素。文献中报道了多种类型介体（醌类介体、黄素类介体、吩嗪类介体等）对阳极材料修饰的研究，考察了其改善微生物燃料电池产电的特性，并揭示了其介导的微生物产电呼吸电子传递的机制。然而，微生物电池阳极材料修饰方法与超级电容器电极材料修饰方法具有较强的相似性，介体作为一种赝电容材料，在微生物燃料电池中的电容特性往往被研究者所忽视。在电学领域，电子的传递速率与体系的电阻和电容等因素是密切相关的，因而在生物体系中可以改变体系电阻和电容等性质的物质和因素，也将会加速体系电子的传递过程。在利用修饰阳极材料的方法来改善产电性能的同时，也能用于提高电极储电能力的电容特性。当利用修饰有电容性材料的阳极时，由于电极电容的储电能力以及快速充放电的性质，会对电极电子传递过程产生影响。因此，可将这类具有存储和释放生物电能力的电容性介体物质归类为生物电容电子宏介体。这对于构建生物电容器提高瞬时功率密度，为基于电容性介体材料促进实际废水能量回收的研究提供新的理论指导。

此外，除了某些材料具有电容特性外，一些生物在其生命活动过程中也显示了其类似电容的储电功能。Harris 等[2]在对 *Shewanella* 的相关研究中发现了一种胞外电子传递所伴随的细菌行为响应——应电运动（electrokinesis）。该应电运动的基本过程是最靠近胞外受体（金属氧化物颗粒或电极）的微生物细胞亚居群将氧化有机物产生的电子储存在细胞表面形成"生物电容器"，然后通过"Touch-and-go"的方式，即细菌快速运动撞击受体，短时间内释放电子以还原受体，并在瞬间接触后脱离受体表面，参与下一个循环。换句话说，该类微生物具有"充""放"电、存储电荷的能力，微生物本身能够以电容介体的形式参与电子传递过程。这种"生物电容器"的行为能否在菌间电子传递过程中发挥作用，通过共生的培养方式，使得原本没有胞外电子传递能力的细菌在"生物电容"菌的介导下，实现胞外电子传递，这将是十分有趣的研究方向。"生物电容器"理论的提出，以及相关研究思路和方法学的建立，将为深入解析微生物行为与代谢机制提供指导意义。

7.1.4 电子信号宏介体理论

早在 20 世纪六七十年代，Nealson 和 Tomas 等[3]在研究费氏弧菌和肺炎链球菌时发现了细菌之间存在相互感应的现象；直到 1994 年 Fuqua 等[4-6]正式提出了群体感应这一概念，即微生物间通过分泌、释放一些特定的信号分子，感知浓度变化、监测菌群密度、调控菌群生理功能等，从而增加微生物在复杂环境中的生存机会，微生物间这种相互之间进行交流的机制在生物学上被称为群体感应。

群体感应广泛存在于各种微生物中，但是不同的微生物分泌的信号分子种类不尽相同。

有研究提出通过外源添加 N-酰基高丝氨酸内酯（N-acyl-l-homoserinelactones，AHLs）这类信号分子可以促进假单胞菌分泌作为电子穿梭体的吩嗪从而提高生物电化学系统的产电性能。与电子穿梭体不同的是，这类群体感应信号分子本身并不具有氧化还原活性，但是可以调节电子穿梭体的合成，促进电子传递过程，即信号分子可被用作调控微生物产能代谢过程的信号介体物质，间接实现对微生物电子传递的促进作用。同时，已有研究表明部分抗生素可用作信号分子对微生物的群落稳态起调控作用[7]。当浮游细胞暴露于某些抗生素的最低抑制浓度（亚MIC）时，使得部分种类的微生物或被杀死或被调控，进而形成优势群落结构。研究发现亚抑制浓度的妥布霉素能够促进电活性生物膜的形成，并提升了模式产电菌 Geobacter 在生物膜结构中的比例。通过分子水平差异表达基因的分析，证明了加入抗生素后细胞表现为代谢过程及参与代谢的具有携带电荷转移功能的基因（细胞色素）在表达上存在差异。亚抑制浓度的抗生素使得参与胞外电子传递的细胞色素蛋白表达量增加，也就是说，亚抑制浓度下细胞活性增强，电子传递得到促进，更多的细胞色素蛋白参与电子传递的过程。更为重要的是，亚抑制浓度的妥布霉素对胞外电子长距离运输的伞毛基因与参与电荷转移的细胞色素基因均有显著上调作用，证明了其具有促进电子传递过程中电荷转移的功能，进而对提升生物电化学系统的能量产出有重要意义。这意味着，抗生素这类化学物质，在特定条件下，能够发挥电子信号介体的作用，通过基因水平调控与电子传递相关蛋白和基因的表达，进一步改善电子传递效能。因此也可以将这一类对微生物电子传递过程和行为具有调控作用的化学因子归纳为电子信号宏介体。

电子信号介体的发现为微生物的基础代谢理论提供了更多的参考价值，挖掘并深入解析不同功能的信号介体与微生物的交互作用、其对群落结构和功能的影响及其在分子水平上对基因表达的调控作用机制等是研究的难点。然而不断的开发、拓展已有信号介体的种类和应用，对于构建功能菌群、提升环境中污染物生物处理效能和清洁能源的生产等多领域具有重要意义。

7.2　介体应用展望

生物电子的传递过程其实是多种化学电子传递过程的耦合，化学电子传递、电化学电子传递、光电化学电子传递研究领域的理论成果，对生物电子传递的研究发展具有重要的指导意义。在此基础上，新型生物电子介体材料的开发及其应用，生物电子介体材料固载方式的改进及其应用，以及改变或促进微生物代谢产生内源生物电子介体的合成生物学技术的应用，将不断地拓展生物电子介体的功能和应用领域，对生物电子介体的工程化应用带来重要的影响。

7.2.1 新型生物电子介体材料的开发与应用

除了我们所熟知的醌类介体、黄素类介体、吩嗪类介体等，诸如腐殖质（腐殖酸、富里酸和胡敏素）、金属卟啉化合物等天然或化学合成的物质，也具有强化生物电子传递速率及效率的功能；除此之外，碳纳米材料（如碳纳米管、石墨烯等）、金属氧化物（如二氧化钛、二氧化锰等）和导电聚合物（如聚吡咯、聚苯胺等）也具有加速生物电子传递的特性，生物电子介体概念被不断拓展。新型生物电子介体材料的开发将是今后该领域发展的一个重要研究方向。随着研究者对自然环境中或已有化学物质中具有生物电子介体性能物质的识别，以及根据该技术工程应用需要应运而生的新型材料合成技术的发展，将会有越来越多的新型生物电子介体材料进入大家的视野，从而进一步拓宽生物电子介体材料在污染物生物代谢过程中的应用。

7.2.2 生物电子介体材料的固载与应用

在介体分类章节中，本书介绍了可以按照介体在水中的溶解特性，将其分为水溶性介体和非水溶性介体。非水溶性介体可以部分克服水溶性介体会随水流出、需二次投加、成本较高的问题，然而，目前所发现的本身即不溶的非水溶性介体多为粉末状和颗粒状，而经过负载或固定的介体其不同程度地存在着负载量有限或难定量、负载材质稳定性差（如海藻酸钠包埋小球多次使用后破碎现象较为明显）、负载介体易流失（多数负载方式为简单包埋、吸附等，结合力较弱，在水流冲刷下，介体流失较为明显）、传质效果差等问题。除此之外，非水溶性介体在工程应用过程中的分离问题，也是亟待解决的难题。

近年来，厌氧反应器内部组件材料、应用形式的改进，推动着厌氧生物反应器的不断发展，伴随着新型生物电子介体及新型介体固载材料的开发，如果能够将生物电子介体稳定固载在各种形式的反应器内部组件上，将有利于介体、微生物以及基底间的传质，增加生物电子介体催化污染物厌氧生物转化的催化性能，从而解决生物电子介体负载和分离的问题；另一方面，膜合成技术的发展方兴未艾，如果能够在新型膜材料上稳定负载介体材料，将是同时解决介体负载和分离问题的最佳途径之一。因而，这需要研究者们在介体材料固载技术的开发工作中投入更多的精力。

7.2.3 内源生物电子介体与合成生物学的耦合与应用

合成生物学是 21 世纪初新兴的生物学研究领域，是在阐明并模拟生物合成基本规律的基础上，人工设计并构建新的、具有特定生理功能的生物系统，从而建立药物、功能材料或能源替代品等的生物制造途径，同时也可为环境污染物的生物治理及生物传感器的构建提供新的方法和手段。近年来，有研究表明可以通过合成生物学的多基因表达策略，将枯草芽孢杆菌中编码核黄素合成的核心基因簇（*ribADEHC*）引入希瓦氏菌中，改造后的 *S. oneidensis* 经 IPTG 诱导表达后，电子穿梭体——黄素（核黄素和黄素腺嘌呤二核苷酸）的产量获得显著提高[8]。一方面，黄素含量的提高直接提高了电子传递介质介导的胞外电子传递效率，另一方面，黄素含量的提高进一步促进了希瓦氏菌在电极表面生物膜的形成，间接地提高了细胞色素 c 和纳米导线直接介导的电子传递效率。以上研究结果成功揭示，通过合成生物学的设计手段，可以合成可溶性生物电子介体或增加可溶性生物电子介体的合成，从而直接或者间接加速环境污染物的生物转化/产电速率，为内源生物电子介体介导的生物转化过程指明新的研究方向。

参考文献

[1] 鲁安怀，李艳，丁竑瑞，等. 矿物光电子能量及矿物与微生物协同作用. 矿物岩石地球化学通报，2018，37（1）：1-5.

[2] Harris H W，et al. Electrokinesis is a microbial behavior that requires extracellular electron transport. Proceedings of the National Academy of Science of the United States of America，2010，107（1）：326-331.

[3] Nealson K H，Platt T，Hastings J W. Cellular control of the synthesis and activity of the bacterial luminescent system. Journal of Bacteriology，1970，104（1）：313-322.

[4] Fuqua W C，Winans S C，Greenberg E P. Quorum sensing in bacteria：The LuxR-LuxI family of cell density-responsive transcriptional regulators. Journal of Bacteriology，1994，176（2）：269-275.

[5] Schaefer A L，Hanzelka B L，Eberhard A，et al. Quorum sensing in *Vibrio fischeri*：Probing autoinducer-LuxR interactions with autoinducer analogs. Journal of Bacteriology，1996，

178（10）：2897-2901.

[6] Duan K，Surette M G. Environmental regulation of *Pseudomonas aeruginosa* PAO1 Las and Rhl quorum-sensing systems. Journal of Bacteriology，2007，189（13）：4827-4836.

[7] Zhou L，Li T，An J，et al. Subminimal inhibitory concentration（Sub-MIC）of antibiotic induces electroactive biofilm formation in bioelectrochemical systems. Water Research，2017，125：280-287.

[8] Yang Y，Ding Y Z，Hu Y D，et al. Enhancing bidirectional electron transfer of *Shewanellaoneidensis* by a synthetic flavin pathway. ACS Synthetic Biology，2015，4（7）：815-823.